**懂吃麵包，就從這本書開始!!**
**新鮮、好吃又實用的麵包知識百科**

麵包與洋蔥——著　荻山和也——監修
許郁文 譯

パン語辞典《第2版》

# 序言

您早餐吃飯？還是麵包？

我可是每天早上都吃麵包喔！

有時候，早、中、晚三餐都是麵包，

可說是從麵包開始，從麵包結束的一天。

我想，我的一天就是從麵包得到力量的吧？

為什麼我會這麼喜歡吃麵包呢？

麵粉加水揉拌成麵糰，

等到麵糰發胖之後送進烤箱，麵包就烤好了。

雖然日常生活裡到處都看得到麵包，

但是麵包可不是能夠小看的食物。

即便統稱「麵包」，從定義、製作方法或種類來分析的話，

可是會分析得沒完沒了。

光是想著如此不可思議的麵包，心情就變得雀躍無比；

光是看到麵包這個名字，就令人興奮不已！

麵包明明是一種食物，卻無法只用「好吃」這個形容詞來描繪。

這本辭典專門獻給身為麵包迷的讀者。

除了提供麵包的種類與歷史這類的基本資訊外，

還介紹了各種與麵包有關的詞彙，

請大家放鬆心情輕輕地翻開本書，

與我一起遨遊麵包的世界吧。

# 『本書的閱讀與「品嚐」』

## 『詞彙的閱讀方式』

「麵包種類」、「道具」、「店家」這些與麵包有著密切關係的詞彙，將依照五十音的順序排列。

[例]

① 英式吐司 イギリスパン ④

這種麵包在烤的時候不會在模型上面加蓋，所以麵包的上半部會非常膨脹，看起來就像是起伏的山巒一樣。切成薄～到不行的薄片後，塗上厚厚一層的奶油再吃，就是道地而高雅的英式風味了。英式吐司的味道非常清淡，所以很適合當成三明治的麵包來使用。對於那些認為吐司就該口感紮實的朋友來說，或許會覺得這種麵包有點讓人意猶未盡吧。

㊮山型吐司、長吐司（Tin Bread。「Tin」就是模型的意思）㊯方角吐司

② 蒸麵包 むしぱん

③ ①將麵粉、砂糖、水、蘇打粉（泡打粉）拌成麵糰，放入蒸籠蒸熟的麵包。據說日本鎖國時代仍與唐朝有所交流的長崎，流行在麵粉裡加入甜酒製成的唐式蒸麵包。②三重縣「月之溫」製作的蒸麵包有「大家分而食之」的意思，通常是將巨大的圓型蒸麵包分成八等分出售。我覺得這個想法可能與Companion[→P.76]有關聯。

ⓘ月之溫｜https://tsukinoon.her.jp/

※ 不被認為是烤麵包喔

① 日文名稱

以日文平假名或片假名標記。

② 以漢字·英文標記

如果名稱為平假名則以中文標記，如果是片假名則以英文（或其他外語）標記。

③ 詞彙的意義

一種讀音有多重意義時，將替各種意義分別標上不同的編號。

④ 國旗

位於麵包名稱旁邊的國旗代表該麵包源自該國。

**符號的意義**

㊮…… 同義語（擁有同樣意義的詞彙）

㊯…… 反義語（擁有相反意義的詞彙）

ⓘ…… 店家、人物的資訊來源

㊭…… 商品、產品、企業的查詢方式

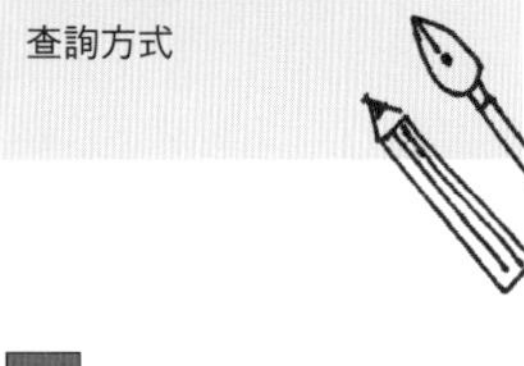

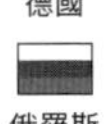

愛爾蘭　美國　英國　義大利　印度　澳大利亞　奧地利　荷蘭

瑞士　瑞典　蘇格蘭　西班牙　中國　丹麥　德國　土耳其

芬蘭　巴西　法國　越南　葡萄牙　墨西哥　俄羅斯

＊只有部分的麵包與甜點會附上國旗。

＊源自日本的麵包甜點不會另外附上國旗。

# 『閱讀方法』

如果看到不懂或有興趣的單字，
請利用該單字的字首找到對應的頁面。
本書詳實地收錄了各種實用知識與冷知識。

## 1 進一步了解麵包的相關知識

讓我們一起找出您愛吃的麵包，也一起更深入地了解這些麵包的相關知識吧。如果能加上不及備載的知識或是您自己的見解，這本辭典將徹徹底底地成為您專屬的辭典。

## 2 品嚐「食用」以外的麵包滋味

本書除了探討麵包的「美味」，還收錄了許多有關「麵包製作」的詞彙，讓我們一起從不同的角度欣賞麵包，相信一定會找到更多新發現。

## 3 自由地品嚐本書

請大家像是品嚐日常生活裡的麵包一樣閱讀本書。剛起床的時候讀一點內容，吃飽飯之後，配杯咖啡再讀一點內容也可以，或者是把本書的內容拿來當成談話本，或在睡覺之前當成助眠劑來讀。也可以先收在包包裡，等到要描繪麵包的時候再拿出來讀，或者讓這本書陪著你旅行⋯⋯

# 『各國索引的使用方法』

在本書最後「→P180」以國家分類了不同種類的麵包，
應該可以讓大家輕鬆地查到全世界常見的麵包才對。
如果心裡突然浮現「這個麵包來自哪個國家啊？」的疑問，
請大家務必拿出本書翻查看看喔！

# 目錄 CONTENTS

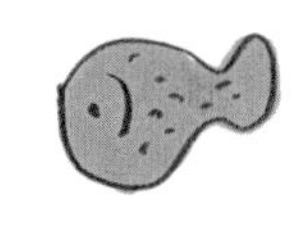

## た行



## な行



## は行

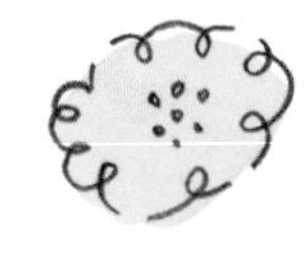

## ま行



## や行



## ら行



## わ行



## 麵包專欄

麵包五花八門
的基礎知識

麵包的歷史
～麵包來自何方？～
每天都要吃的麵包，早已是生活必需品。但是「麵包」這項食物到底在何時、何地誕生的呢？讓我們一起來探索它的歷史吧！
嗯……
喂，你的故鄉在哪裡？
故事要回溯到距今一萬年以前……
西元前8000～7000年 美索不達米亞平原
開始了全世界首次的小麥栽種。
西元前6000年
將小麥放入石臼裡碾成粉之後，正打算將麥粉煮成稀飯……
研磨
研磨
烤石板→
熱騰騰
黏呼呼
沒想到，不小心讓稀飯從烤石板溢了出來。
不過聞起來很香耶，吃吃看好了。
沒想到
那麼好吃！
一口吞下
無發酵麵包就此誕生！
西元前5000年 埃及
金字塔
埃及是當時的文明中心，隨時隨地都在揉麵糰
人面獅身
啦啦啦
女性的工作

結果揉好的麵糰忘了收，
就這樣睡著了……
好累…
ZZZ
隔天早上……
圓滾滾
變這麼大顆
居然變得這麼大顆
哎呀
這是因為空氣裡的酵母
讓麵糰發酵了。
烤烤看吧!!
多汁
大口咬
好…好好吃！
偶然之下，發酵麵包誕生了！
會建造金字塔的埃及人也很愛做麵包。
不過卻不願意將麵包的配方告訴其他地區的人。
這是我們才有的東西
小氣!!
發明了各式各樣的麵包。
但是總算等到
埃及被希臘占領了
嘿嘿
哇哇
西元前1000年
希臘
當埃及麵包工匠被當成奴隸押到
希臘，麵包也因此傳入希臘。
才不要咧－
拜託，告訴我配方吧
希臘是盛產葡萄的地區，
將釀酒的技術應用到製作麵包上。
將一半拌進去看看……
葡萄汁
好像很好吃
說不定不錯！
結果接下來……
西元前300年
換羅馬征服了希臘，並且命令
希臘的奴隸烤麵包。
這個景象似曾相識啊……
這時製作麵包的技術
已大幅進步。
將麵粉碾得更細的石臼
設立麵包學校
讓士兵帶上戰場的麵包
窯烤麵包的發明
麵包工會也誕生了

然後
又換到古羅馬帝國
滅亡
5～15世紀
當時，歐洲各地進入黑暗時代。
什麼?!
什麼?!
中古世紀歐洲
製作麵粉與烤麵包成了教會與修道院的專屬權利，市民要烤麵包只能付錢租借烤窯，所以大家都集中在一起烤。
基督教會的人
麵包是神聖的食物
嗯——真麻煩啊！
這時候，有一道明亮的光……
那就是從十四世紀開始的……
文藝復興運動！
文藝復興運動從義大利向四周蔓延
16世紀
路易十三的母親
義大利梅第奇家族的千金嫁給法國的亨利四世時，順便把麵包師傅帶到了法國。
請跟著來做好吃的麵包喔
好一
義大利的麵包因此傳到了法國，也成了現代法國麵包的基礎。
義大利
法國
聯姻混血的麵包
同一時期，奧地利的可頌麵包也傳到了法國。
拜我之賜嗎？
瑪莉安東尼
當時
德國一帶：
都是利用適合在寒冷地帶栽種的裸麥製作德國麵包。
沉甸甸
當時
英國一帶：
都是利用品質優良的小麥麵粉，烤成大型的模烤吐司。
英國風
麵包普及的途徑
隨著15～17世紀大航海時代的來臨
麵~包♥
希臘
雅典
黑海
羅馬
地中海
義大利
開羅
埃及
巴比倫
美索不達米亞（發源地）
歐洲人開始走向海外，成了麵包普及全世界的契機。
麵包是什麼？
不知道

日本的歷史
1543年，葡萄牙人乘船漂流到日本長崎。
有人在嗎？
不好意思
西洋文化慢慢透過傳教士，進入了日本。
這個叫做 paõ (麵包)
麵包傳入
向來喜好新奇事物的織田信長也非常喜歡吃麵包
我最愛吃硬硬的比思烤特麵包喔！
＊指的是 biscuit
麵包文化看似要在日本普及的時候……
突然間！
1639年
鎖國
麵包突然間消失無蹤，只剩下長崎的荷蘭商館還在偷偷烤麵包。
荷蘭商館
噓
麵包到底去了哪裡啊……
重新振作的幕末
1840年，鴉片戰爭爆發。
許多人擔心戰火會延燒到日本本土！
也有人擔心軍隊的糧食不足……
由於得隨身攜帶，最好能便於保存，能保愈越久愈好。
嘀咕
嘀咕
嘀咕
那個人就是江川太郎左衛門英龍先生。
讓麵包在日本復活的麵包鼻祖
在戰場煮飯有炊煙，會被敵人發現，但是麵包可以烤一堆帶上戰場。
嘀咕
嘀咕
於是，開始有人投入大量心血，研發軍隊的乾糧。
也開發出製作大砲的反射爐
伊豆的代官了不起的人
嗯
1842年4月12日，烤麵包的石窯蓋好了，也開始烤麵包了，（日本最早烤麵包的日子）因此4月12日被定義為「麵包之日」，這天會舉辦許多活動，也會有促銷販售。
麵包之日

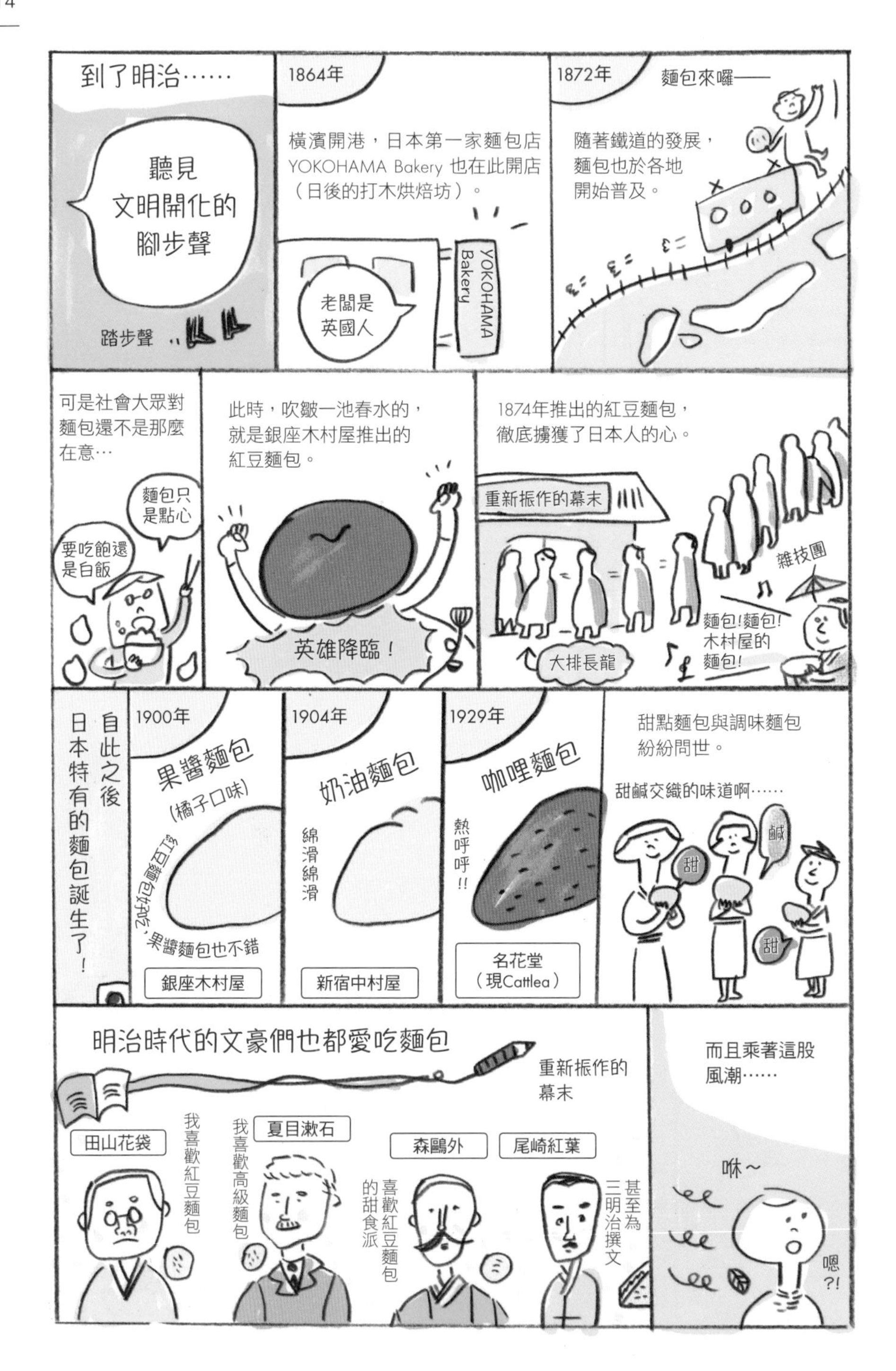

到了明治……
聽見
文明開化的
腳步聲
踏步聲
1864年
橫濱開港，日本第一家麵包店
YOKOHAMA Bakery 也在此開店
（日後的打木烘焙坊）。
老闆是
英國人
YOKOHAMA
Bakery
1872年
麵包來囉——
隨著鐵道的發展，
麵包也於各地
開始普及。
可是社會大眾對
麵包還不是那麼
在意…
麵包只
是點心
要吃飽還
是白飯
此時，吹皺一池春水的，
就是銀座木村屋推出的
紅豆麵包。
英雄降臨！
1874年推出的紅豆麵包，
徹底擄獲了日本人的心。
重新振作的幕末
雜技團
麵包！麵包！
木村屋的
麵包！
大排長龍
自此之後
日本特有的麵包誕生了！
1900年
果醬麵包
（橘子口味）
麵包好吃，果醬麵包也不錯
銀座木村屋
1904年
奶油麵包
綿滑綿滑
新宿中村屋
1929年
咖哩麵包
熱呼呼!!
名花堂
（現Cattlea）
甜點麵包與調味麵包
紛紛問世。
甜鹹交織的味道啊……
甜
鹹
甜
明治時代的文豪們也都愛吃麵包
重新振作的
幕末
田山花袋
我喜歡紅豆麵包
夏目漱石
我喜歡高級麵包
森鷗外
喜歡紅豆麵包的甜食派
尾崎紅葉
甚至為三明治撰文
而且乘著這股
風潮……
咻～
嗯?!

1913年
在美國研究酵母的田邊玄平先生，成功發明了日本國產的酵母。
混合糙米與小麥蒸製而成的糙米麵包大受歡迎。
蒸氣從糙米麵包冉冉昇起……
可惜太平盛世不長
第二次世界大戰爆發
麵包的製作也中斷
1945年
戰爭結束後…
糧食短缺的時代來臨。
肚子好餓啊——
咕嚕——
咕嚕——
利用美國進口的小麥製作熱狗麵包。
麵包也成為學校營養午餐的菜色。
當麵包成為營養午餐，日本的麵包飲食文化才真的起步。
1954年
from 法國
國立麵包學校教授
被譽為法國麵包之神的雷蒙卡維爾(（Raymond Calvel）訪日，全面召開法國麵包的講座。
沒想到法國麵包讓麵包師傅們大吃一驚！
1966年
DONQ南青山店開幕，法國麵包一時蔚為風潮。
手上拿著法國麵包，就能抬頭挺胸的走在街上。
流行的象徵
迎接比裘先生
到了現在
麵包已誕生一萬年左右，
傳入日本的歷史大概有450年。
而麵包也在不同的歷史背景裡
產生了各式各樣的變化。
您是否已經了解，
如今唾手可得的麵包
到底來自何方了呢？
美索不達米亞平原的人們
要是沒有打翻稀飯，
就不會有現在的麵包了吧？
麵包店越來越多了
~The End~

# 製作麵包的材料

製作美味麵包的基本材料其實非常單純。
利用主材料製作麵包的主幹，
再加上一些副材料就能做出原創的麵包了。

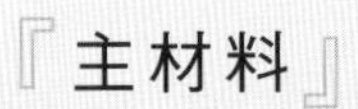

## 『主材料』

### 粉類

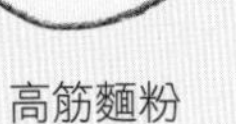

高筋麵粉

裸麥粉

全麥麵粉

### 鹽巴

### 麵包酵母

酵母粉

葡萄酵母

天然酵母
(sourdough)

天然酵母
(levain)

### 水

## 『副材料』

### 砂糖類

甜菜糖、
蔗糖、楓糖、
甜菜根糖

### 乳製品

起士

牛奶

優格

### 油脂類

發酵無鹽奶油

橄欖油

酥油

## 堅果類

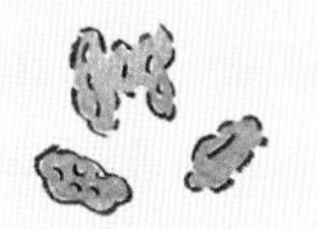
核桃

榛果

腰果

杏仁

南瓜籽

胡桃

橄欖

栗子

可可

開心果

## 水果類

白無花果

櫻桃

伊予橘皮

香蕉切片

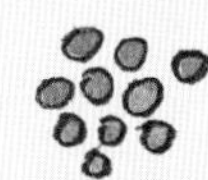
蔓越莓

葡萄乾

無籽葡萄乾

綠葡萄乾

黑無花果

## 蔬菜類

洋蔥

南瓜

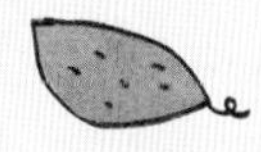
地瓜

胡蘿蔔

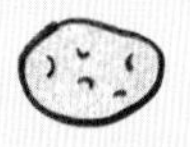
馬鈴薯

## 藥草・辛香料類

芥子種

芝麻

迷迭香

生薑

巴西里

肉桂

胡椒

小茴香

## 其他

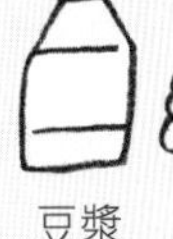
豆漿

豆腐

杏仁粉

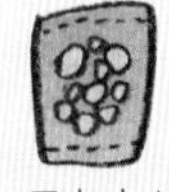
巧克力片

## 豆類

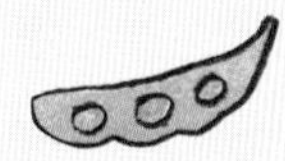
毛豆

紅豆

楓糖

玉米

雞蛋

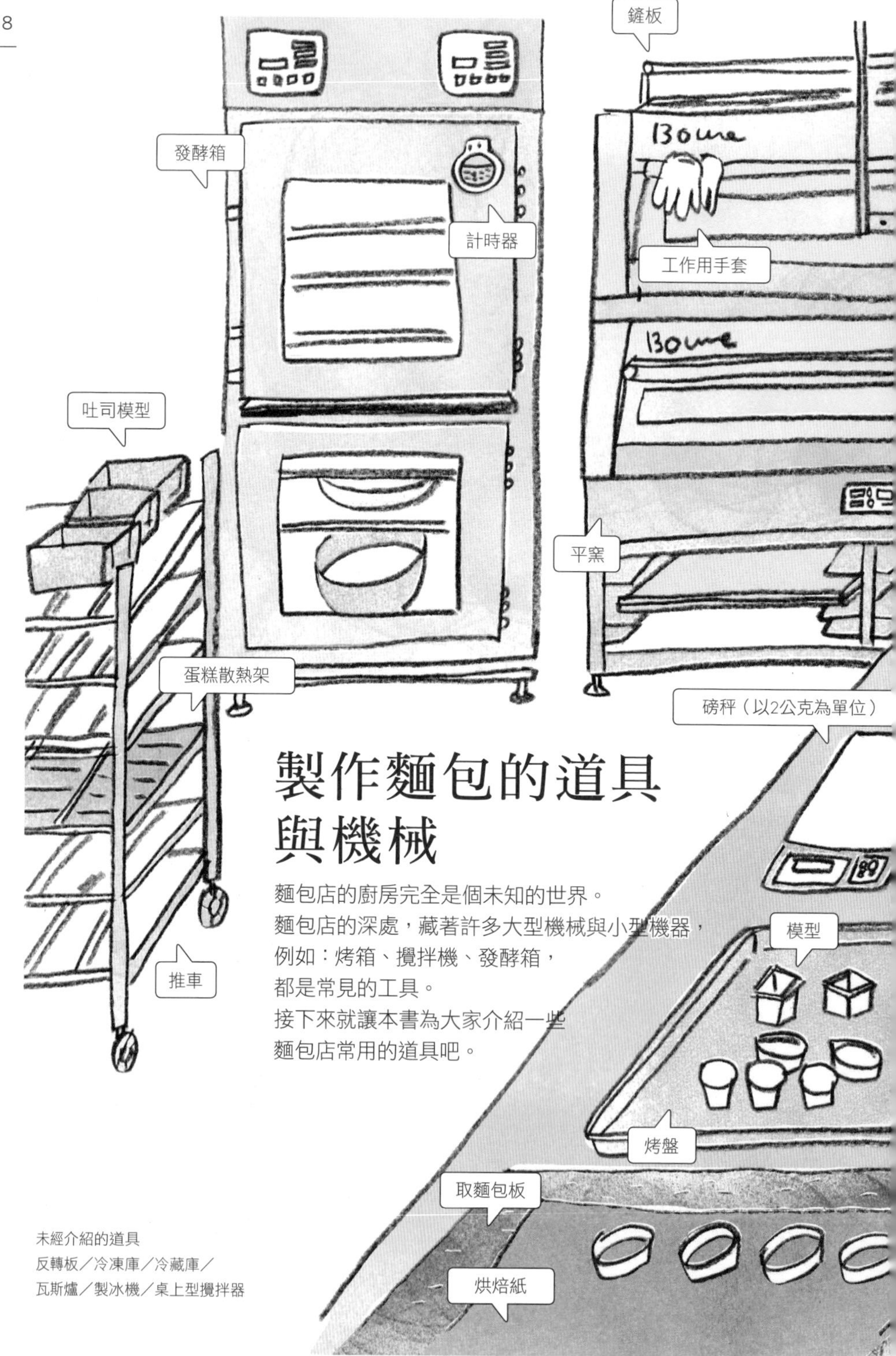


# 製作麵包的道具與機械

麵包店的廚房完全是個未知的世界。
麵包店的深處，藏著許多大型機械與小型機器，
例如：烤箱、攪拌機、發酵箱，
都是常見的工具。
接下來就讓本書為大家介紹一些
麵包店常用的道具吧。

未經介紹的道具
反轉板／冷凍庫／冷藏庫／
瓦斯爐／製冰機／桌上型攪拌器

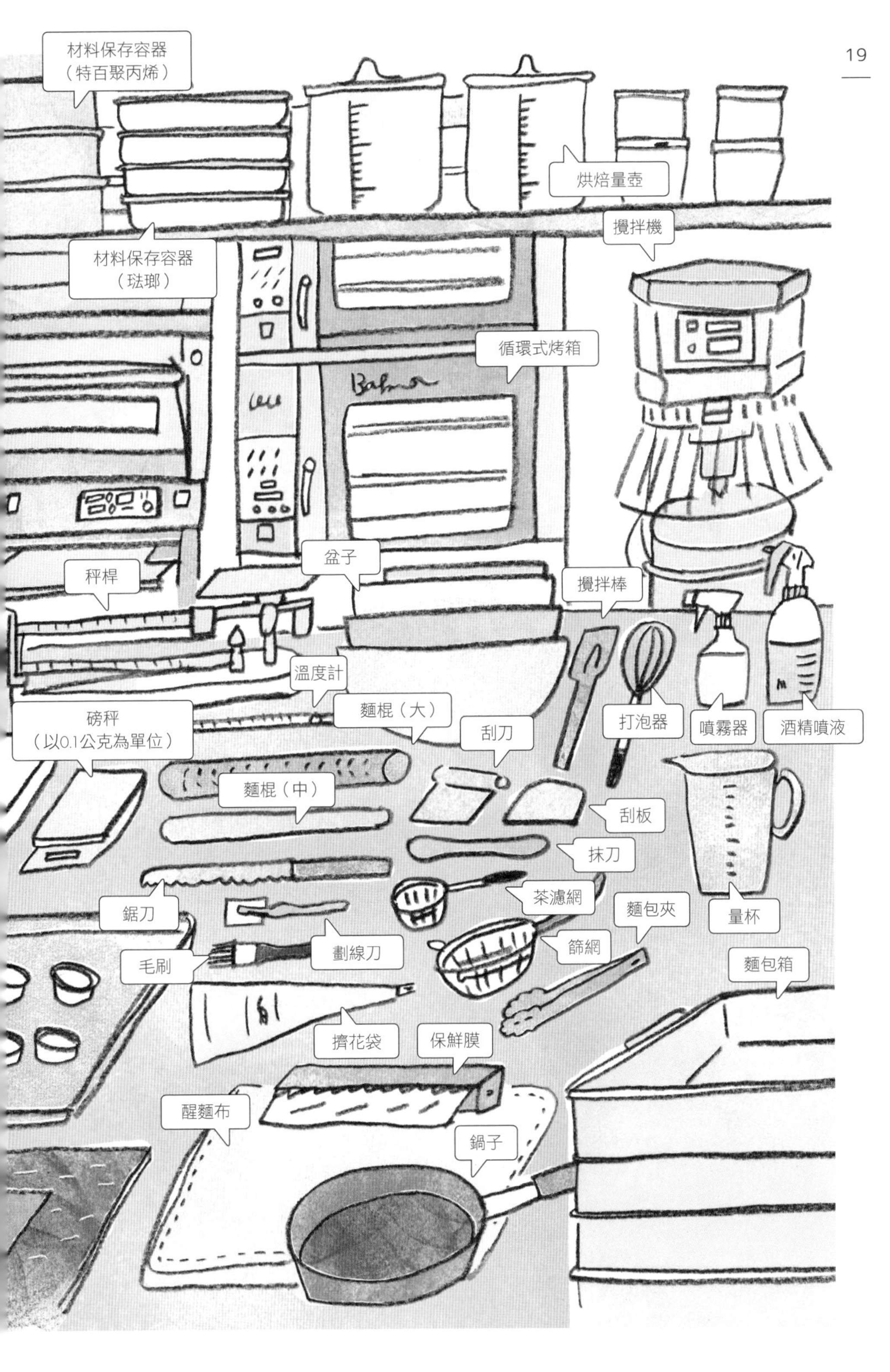

材料保存容器
（特百聚丙烯）
烘焙量壺
材料保存容器
（珐瑯）
攪拌機
循環式烤箱
盆子
秤桿
攪拌棒
溫度計
麵棍（大）
磅秤
（以0.1公克為單位）
刮刀
打泡器
噴霧器
酒精噴液
麵棍（中）
刮板
抹刀
茶濾網
麵包夾
量杯
鋸刀
篩網
劃線刀
毛刷
麵包箱
擠花袋
保鮮膜
醒麵布
鍋子

# 麵包的製作方式 小鎮麵包店篇

在清晨的太陽露臉之前，在眾人都還沉睡的深夜，麵包店師傅們的一天已經開始了。從備料到麵包烤好的幾個小時之內，整間店面被五花八門的麵包點綴得光彩四射。接下來針對最基本的吐司為大家介紹製作方法吧。

## 『材料與製法』

### 材料

- 高筋麵粉
  （有些吐司會摻拌裸麥麵粉或全麥麵粉）
- 老麵*…酵母
  （前一天的麵糰）
- 油脂（奶油、酥油）
- 砂糖
- 鹽巴
- 水

* 這次的吐司使用了前一天的法國麵包麵糰製作

### 製法：隔夜製法

這是小型麵包店的主流製法。主要是先在前一天將麵糰做好，然後讓麵糰長時間低溫發酵，隔天再將麵糰分割成適當大小的製作方法。灰份（礦物質鹽類）較多的小麥比較適用於這種長時間發酵的工法。

#### 優點

①不需要使用太多酵母粉，麵包的口感會比較溼潤。
②麵糰經過長時間發酵之後，麵粉原有的香味與甜味就會更加明顯。
③作業效率較高。

# 『麵包製成之前的流程』

## 1 拌料

以量杯秤量材料，將非油脂的材料（水、高筋麵粉、酵母、砂糖、鹽巴）倒入攪拌器攪拌。

Point
放進優格（乳製品），可以製作出口感紮實的吐司，很適合做成三明治。

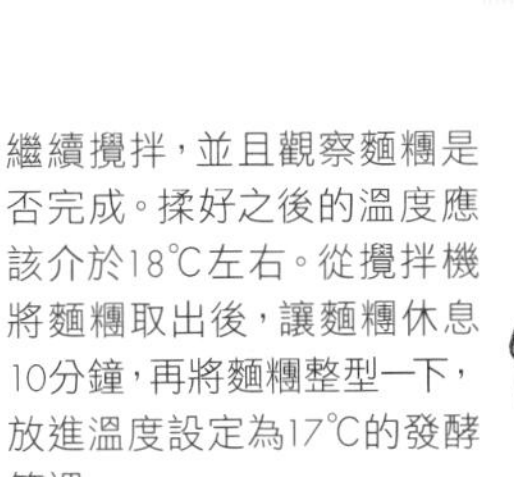


倒入油脂

Point
想增加麵糰的筋性或風味時，可倒入奶油，如果不希望吐司太過油膩，可倒入酥油。

繼續攪拌，並且觀察麵糰是否完成。揉好之後的溫度應該介於18℃左右。從攪拌機將麵糰取出後，讓麵糰休息10分鐘，再將麵糰整型一下，放進溫度設定為17℃的發酵箱裡。

## 2 第一次發酵（長時間低溫發酵）

讓麵糰休息20個小時以上。

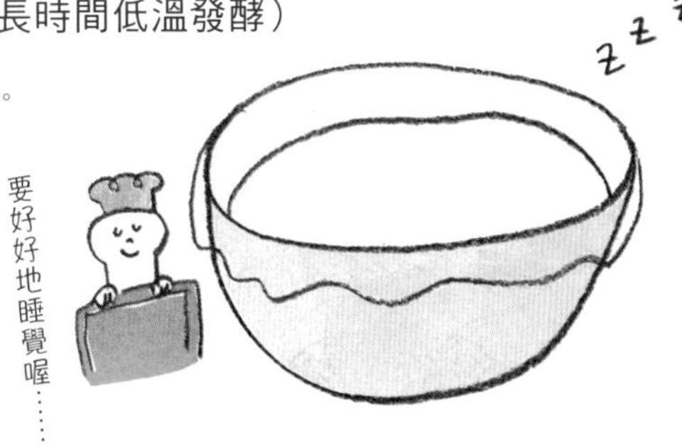

## 3 分割、揉圓

使用刮刀將麵糰切成小塊。要溫柔地將麵糰揉成圓形，以免破壞麵糰的筋性。

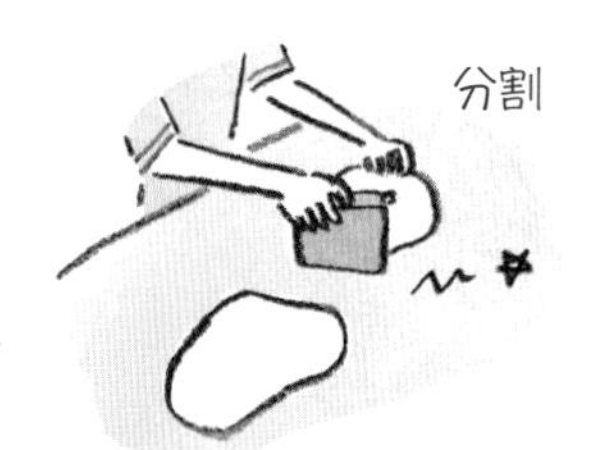


## 4 塑型

撒一點麵粉在麵糰上，然後一邊將麵糰擀開，一邊將麵糰捲成與吐司模型一樣的寬度，然後再將麵糰放入模型裡。

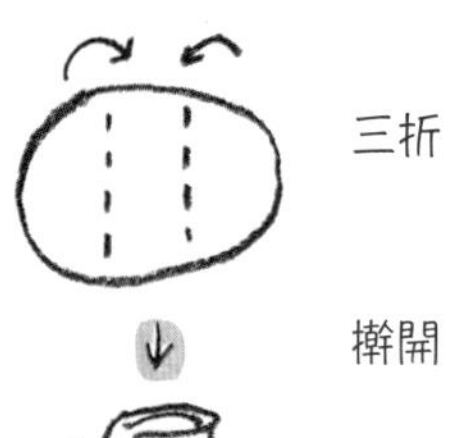

## 5 最終發酵

將麵糰連同模型一起放在28℃、溼度75%的環境下兩個小時，等待麵糰發酵膨脹至模型的八分滿，再蓋上模型蓋。

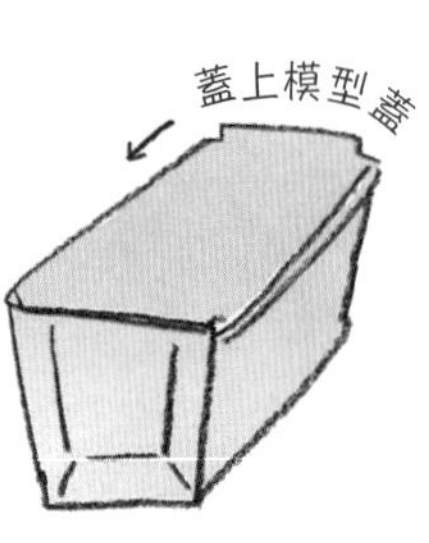

## 6 烤製

將烤箱設定為下火220℃，上火200℃，並且啟動蒸氣功能烤30分鐘。

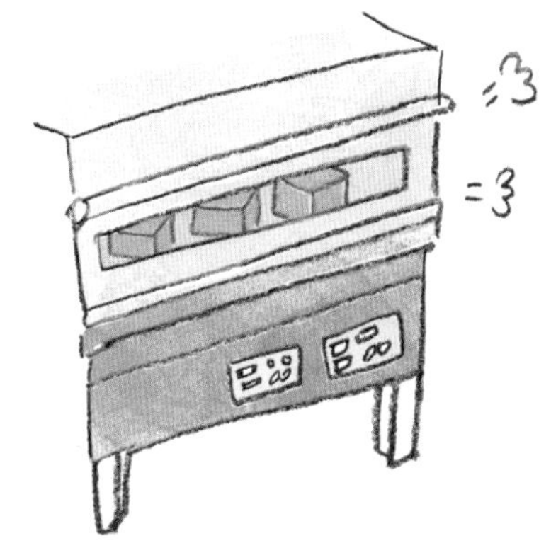

Point
將下火的溫度設定高一點可以讓麵糰持續向上膨脹。不同的烤箱與吐司都需要設定不同的上下火溫度以及烘焙時間。

烘焙完成後，將模型從烤箱拿出來，然後讓模型底部在工作檯上重敲幾下。

Point
這是為了避免麵包的側面與上緣塌陷（Cave in）的動作。

## 7 完成

放在蛋糕散熱架散熱，即可放在店面販賣囉。

材料・道具・製作方式提供（→P16-23）
ⓘ市川麵包店
福岡縣北九州市小倉南區葛原高松1-1-24
☎093-475-1255
市川麵包店的每個麵包都使用國產小麥細心製作，調味也都選用養生的食材。偷偷往廚房裡望去，地板與牆面都閃閃發亮。門市裡的服務人員也很樂於回答顧客有關麵包的問題。

# 麵包的製作方式

麵包工廠也是日以繼夜地製作著麵包。在工廠製作的麵包經過卡車載送到超市、便利商店、大賣場以及出現在學校營養午餐裡，在每個角落悄悄地支撐著我們的生活。

## 『麵包製成之前的流程』

原料送達工廠。

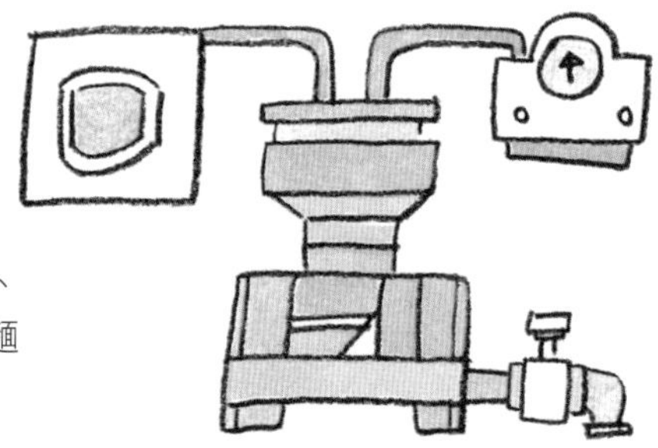

### 1 製作麵糰

利用攪拌機將麵粉、酵母粉與水拌成麵糰。

### 2 第一次發酵

讓麵糰靜置3小時發酵。

### 3 調味

在發酵的麵糰裡拌入奶油、牛奶、砂糖與鹽巴等調味料。

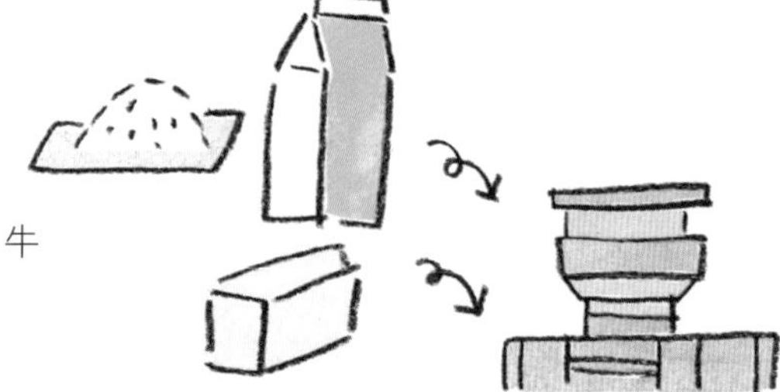

4 分割

利用分割機將麵糰切成小塊。

5 塑型

將小塊的麵糰調整成吐司或熱狗麵包的形狀。

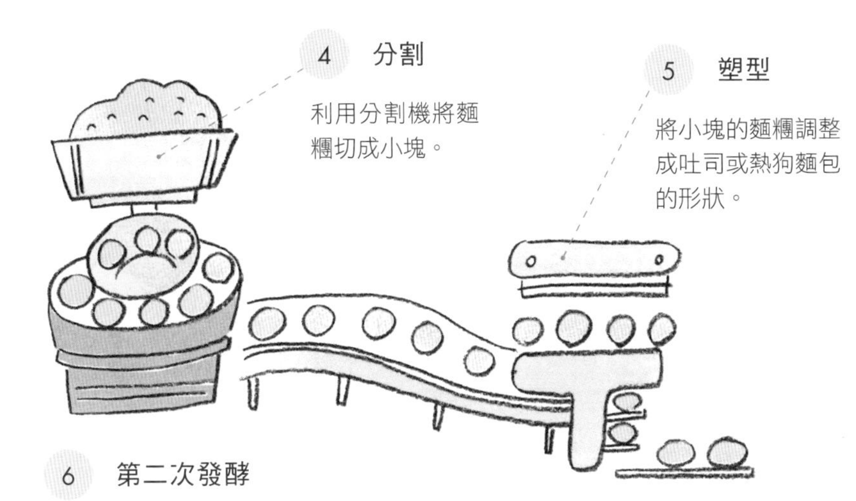

6 第二次發酵

將塑型好的麵糰放在38℃的環境下發酵50分鐘。

7 烘烤

讓麵糰經過有如隧道一般的烤箱，慢慢地烤成麵包。

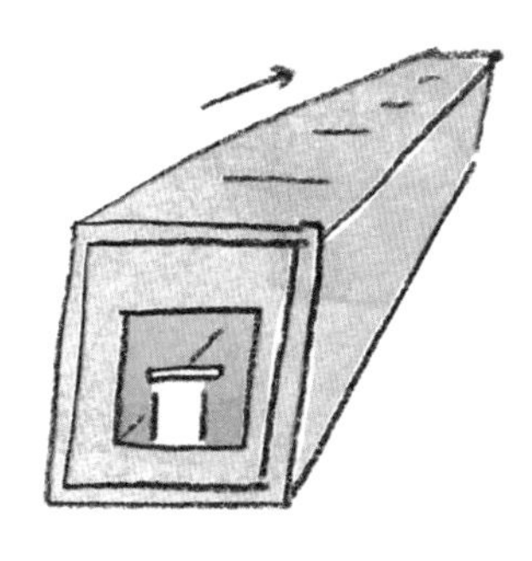

8 冷卻、包裝

將麵包放在冷卻室裡降溫，再包裝起來確保衛生。

9 完成

利用卡車載送到各個地區。

協助／小林康滋（福岡縣麵包工會）

# 麵包的種類

「麵包」就是麵粉和水加以搓揉發酵之後，烤製而成的食品。
儘管成分簡單，每個國家都擁有該國獨具風味的麵包，
據說全世界的麵包種類超過五千多種。
麵包的風味會隨著每個地區的氣候、風土，以及收穫的穀量而改變，
因此麵包的種類仍持續增加中。

**法國**

法國絕對是眾所皆知的麵包大國，其麵包種類實在非常豐富，從風味單純的法國麵包以及大量使用奶油、滋味豐富的可頌麵包、牛角麵包，都是法國知名的麵包種類。

**德國**

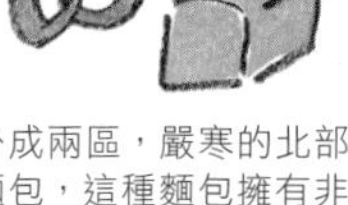

德國主要分成兩區，嚴寒的北部專做裸麥麵包，這種麵包擁有非常紮實的口感，而出產小麥的南部則利用麵粉製作麵包。德國也是世界上麵包種類最多的國家。

**歐洲其他地區**

歐洲其他地區也擁有許多不同種類的麵包，例如義大利的佛卡夏、英國的山型吐司這類正餐吃的麵包，或是丹麥用來當點心的丹麥麵包，都是特色十足的麵包種類。歐洲除了在日常三餐裡加入麵包，也習慣在舉行慶典時，烤一些特殊的麵包助興。

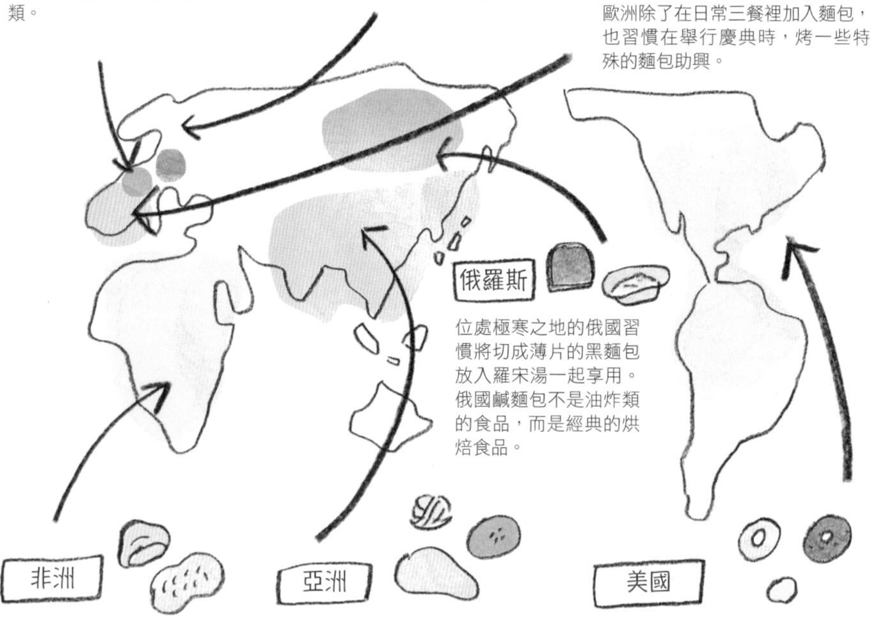

**俄羅斯**

位處極寒之地的俄國習慣將切成薄片的黑麵包放入羅宋湯一起享用。俄國鹹麵包不是油炸類的食品，而是經典的烘焙食品。

**非洲**

在這塊被認為是麵包發源地的大陸上，口袋麵包至今仍被當成主食食用。在挖空的麵包裡填入大量的內餡後，即可大快朵頤一番。

**亞洲**

印度的口袋麵包通常搭配咖哩一起吃，而中國則習慣將蒸的饅頭與花捲擺上餐桌。日本常見的麵包也非常多元，例如自創的紅豆麵包或是引自歐洲的麵包，讓每一位喜愛麵包的消費者都能隨時吃到想吃的麵包。

**美國**

美國是一處原住民、移民混居的文化大融爐，所以麵包的種類也變得五花八門。北美常見的麵包有貝果、甜甜圈與漢堡，南美則較常吃樹薯粉製成的巴西起司球，或是利用玉米粉製成的墨西哥薄餅。

# 麵包的分類

接下來要介紹一些在日本非常具有人氣的麵包。
雖然是隨處可見的麵包，從材料、製作工法這些觀點來看，
也可以將這些麵包分成許多不同的種類喔。

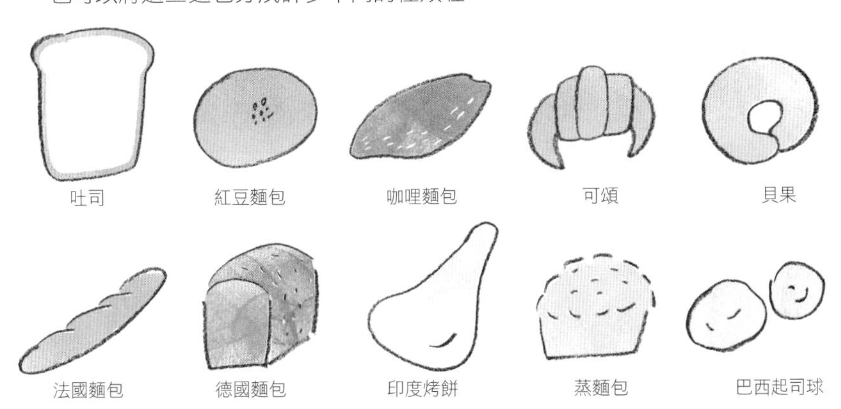


## 『使用的麵粉』

能夠左右麵包的味道或口感的關鍵材料之一，無疑是麵粉這項食材了。基本上麵包的製作都是使用高筋麵粉，但有時也會視需求選擇不同筋性的麵粉。

### 麵粉（高筋麵粉、中高筋麵粉、中筋麵粉、低筋麵粉）

可製作出具有麥麩、口感膨鬆的麵包。

**白麵包** ……吐司、紅豆麵包、咖哩麵包、可頌、貝果、法國麵包、蒸麵包

### 裸麥麵粉

不會形成麥麩，所以製作出來的麵包擁有較為紮實的口感。

**黑麵包** ……德國麵包

[例外]
巴西起司球（使用樹薯粉製作）

## 『材料的組合』

利用麵粉、酵母、鹽巴、水製作出原味麵包之後，再加上調味材料就能製作出味道多元的調味麵包。

### 主材料

只利用麵粉、酵母、鹽巴、水製作的麵包。

**原味** …………吐司、貝果、法國麵包、德國麵包、印度烤餅

### 主材料+副材料

主材料外加上砂糖、油脂、雞蛋製作的麵包。

**調味麵包** ……可頌
**家常菜麵包** …咖哩麵包
**甜點麵包** ……紅豆麵包、蒸麵包
**無發酵麵包** …巴西起司球

## 『模型』

麵糰揉製完成後，可依個人需求選擇要不要放入模型烘焙。

### 放入模型

放入模型烘焙的麵包。

**模型烘焙**…吐司、德國麵包（有時不會放入模型）

### 不放入模型

不放入模型的麵包可依烘焙方式分成兩種：一種是直接放在烤箱的烤床，另一種則是放在烤盤上面。

**直接烘焙**……法國麵包
**烤盤烘焙**……紅豆麵包、可頌、貝果、印度烤餅、巴西起司球

[例外] 咖哩麵包（油炸而非烘焙）
蒸麵包（蒸熟而非烘焙）

## 『發酵方法』

發酵方法可分成添加讓麵包膨脹的酵母，或不放酵母兩種。

### 膨脹

讓麵包膨脹的是酵母。

**發酵麵包**…吐司、紅豆麵包、咖哩麵包、可頌、貝果、法國麵包、德國麵包、蒸麵包、印度烤餅（有時候會使用泡打粉製作）

### 不膨脹的麵包

不摻酵母。

**無發酵麵包**…巴西起司球

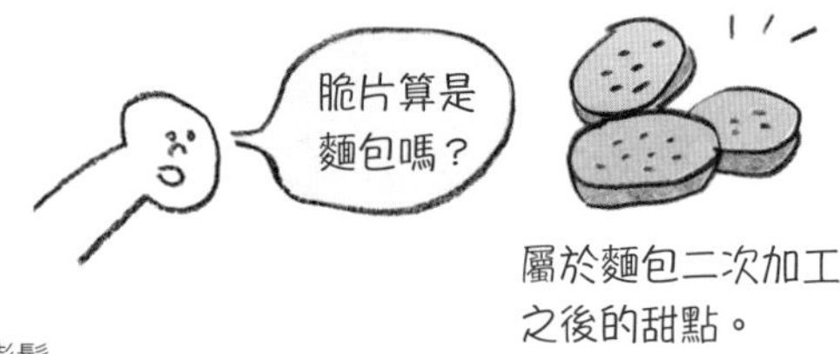


## 『口感』

麵包會因製作的材料而呈現紮實或膨鬆的口感。

### 紮實

利用單純材料製作的麵包，可嚐得到小麥原有的風味。

**硬實系**……法國麵包、德國麵包

### 膨鬆

使用砂糖或奶油製作的麵包，口感柔軟，比較方便食用。

**柔軟類**…………吐司、紅豆麵包、咖哩麵包、可頌、貝果、印度烤餅、蒸麵包、巴西起司球

**法國麵包**
白麵包、調味麵包、直接烘焙、發酵麵包、硬實系

**紅豆麵包**
白麵包、甜點麵包、烤盤烘焙、發酵麵包、柔軟類

# あ行

## 炸麵包 あげぱん

屬於油炸甜點麵包。提到「炸麵包」，或許會立刻想到在油炸熱狗上面撒上砂糖調味的甜點麵包，但其實咖哩麵包、鹹麵包、甜甜圈都算是炸麵包的一種。若在疲勞的時候吃，麵包裡的油脂很容易被吸收，而高卡路里的這點也令人很在意，所以千萬別吃太多。

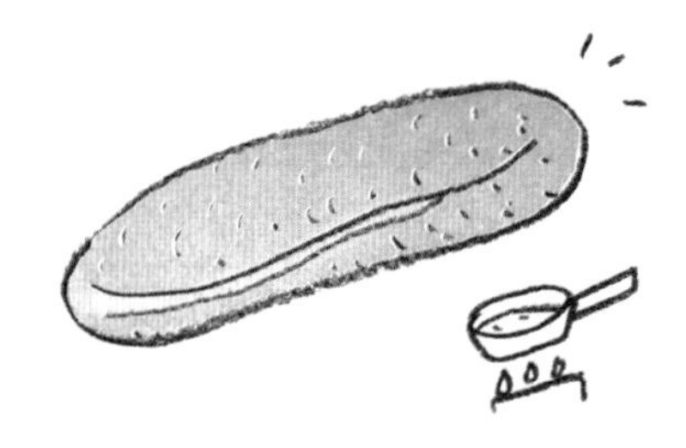

## 下酒菜 あて

可以當下酒菜的麵包，最具代表性的就是葡萄酒與麵包的組合了。與紅酒對味的有裸麥麵包、雜糧麵包、葡萄麵包這類口感厚實的麵包；而適合搭配白酒的有白麵包混合簡單材料製成的簡約麵包[→P.165]。經典的德國下酒菜就是扭結麵包配啤酒，還有啤酒和披薩也很對味。酒與麵包都是「經過發酵」的同伴，各方嘗試之下或許可以找到前所未有的組合。例：麥燒酎＝裸麥麵包／日本酒＝紅豆麵包／香檳＝史多倫、布里歐（Brioche）。

## 甜食 あましょく

甜食就是長得一副惹人憐愛的樣子，常常可以在超市看到整組包好的甜食。據說日本的甜食起源於安土桃山時代由葡萄牙人傳入的南蠻菓子，而從大正末期到昭和初期，甜食成為非常流行的食物之一。當時將吐司麵糰製作的奶香包稱為「甜食」，而日式甜點則稱為「絞甜食」，有些店家會同時製作兩種甜食。

## 安徒生麵包店 アンデルセン

「安徒生」是日本第一家推出「丹麥麵包」[→P101]的店家。位於廣島總店的前身是間銀行，是一棟充滿文藝復興氣息的美麗建築物。即便您不愛吃麵包，光是前往造訪已值回票價。在店裡負責銷售的專家以及麵包師傅，隨時等候您的詢問。這家麵包店除了充滿趣味性，店名還是使用丹麥童話作家安徒生的名字。由於引用了這位童話大師的名字，這家店從2005年開始，每個月都以安徒生童話為主題製作麵包。每個麵包都非常的可愛，請您務必前往居家附近的安徒生麵包店欣賞一番。

---

㊂安徒生麵包店
客服專線 ☎ 0120-348817

①冰雪女王／②拇指公主／③小伊達的花／④國王的新衣／⑤豌豆公主／⑥小錫兵／⑦人魚公主／⑧醜小鴨／⑨牧豬王子／⑩賣火柴的小女孩／⑪樅樹

*商品品項可能有所變更

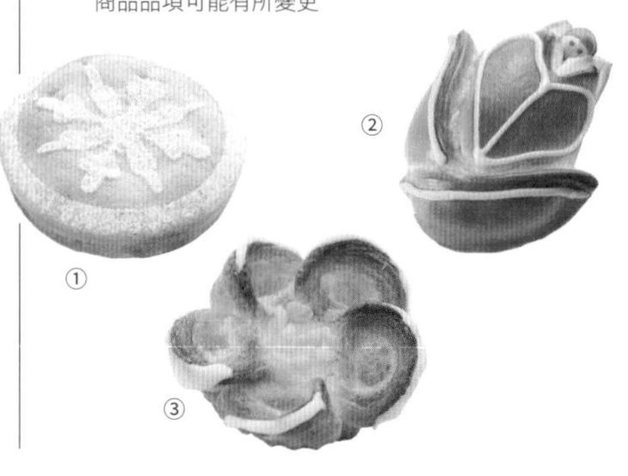

## 包餡甜甜圈 あんどーなつ

①將餡料包進麵糰，放入油鍋炸入球狀的麵包，有些會炸成扁平狀。最推薦的就是早上5點開店、晚上8點關門的傳說名店，位於北九州「虎屋」的包餡甜甜圈。一個僅要價40日幣，當地居民通常一口氣買十個。有的做成饅頭狀，有的做成長長的圓餅形；但看起來都非常可愛。只要吃一個就能解餓囉！②「包餡甜甜圈（小學館）」這部漫畫裡的主角名字就叫「安藤奈津」（音似包餡甜甜圈的日文發音）。順帶一提，這部漫畫的主題是日式甜點而不是麵包。

## 紅豆麵包 あんぱん

①日本國民沒人不知道的國民麵包，鬆軟的麵包裡填滿了甜甜的紅豆餡。雖然也有「法國紅豆麵包」這種質地較硬的麵包，但是日本的紅豆麵包才是始祖。其歷史可追溯至明治七年，是一位名為木村安兵衛的人所發明的。一提到東京銀座木村屋，每個人都會想起紅豆麵包吧？之前紅豆麵包曾在4月4日獻給明治天皇，所以這一天又被訂為「紅豆麵包之日」。札幌市豐平町還有一條「紅豆麵包路」，整條路的兩旁都是紅豆麵包的裝飾品。②美術展「Independants」也被簡稱為「紅豆麵包」。

*Independants日文發音的縮音為紅豆麵包

## 紅豆饅頭 あんまん

在麵粉、酵母、清水揉拌而成的麵糰裡包入紅豆餡的蒸饅頭，屬於中國包子[→P115]的一種。內餡通常是紅豆泥，嚐得到清淡的甜味。紅豆饅頭除了可以在中華料理餐廳見到，也能在便利商店輕鬆入手。每到冬天，一邊吃著熱騰騰的泡菜火鍋，一邊將紅豆饅頭塞滿嘴裡可是我家的經典菜色。泡菜火鍋的辣會被紅豆餡的甜所中和，進而融合成一股絕妙的美味。

## 石窯 いしがま

1921年生於澳洲，50年前曾經在京都的老麵包店「進進堂」服務。「Rocinante」這個店名是「唐吉軻德」主角心愛座騎的名字，而我大膽地以「老師煖手（ROSHINANTE）」這四個字來表現竹下先生的事蹟。

在只有一個窯口的磚窯或土窯裡燒木材，等到窯內溫度達400℃以上，將燒完的木材撈出窯外，再以餘熱烘焙麵包。這種石窯可說是烤箱的原型。經營石窯會研究所「Rocinante的麵包工房」的竹下晃朗先生，親自蓋了石窯來烤麵包，他也在自家招開工作坊，可說是石窯研究的第一把交椅。一踏入工房，還以為踏進了某位博士的研究室一樣，一處充斥著石臼、秤、麵粉、書籍的空間就在眼前展開。竹下先生在30年前首先製作石窯，之後都過著親自烤麵包的生活。竹下先生說：「其實烤麵包的流程很簡單，我只不過是選用優質的麵粉揉製麵糰，經過一段時間發酵，再放入高溫蒸氣的窯裡烘焙。」竹下先生這番話說來簡單，但實行起來卻何其困難，竹下先生私底下可是花了不少時間研究呢。所謂的「優質麵粉」指的可是風味十足的自家製麵粉，竹下先生認為烏龍麵用的中筋麵粉比高筋麵粉更能展現小麥原有的風味。我在現場嚐到了這種麵粉製成的「100%全麥麵包」，一口咬下，小麥的風味立刻濃郁地充滿整個口腔。在白麵粉製作的麵包身上完全嚐不到這種甜味與風味，為了想準確地呈現小麥的風味，揉製麵糰的方式以及烤麵包的方式都得非常講究。我想，竹下先生的麵包不只是經過重重的研究，還摻進了大量的「心意」吧！

---

ⓘ石窯會研究所Rocinante的麵包工房
京都市左京區修學院坪江町8　☎075-791-0872

只以石臼輾磨而成的全麥麵粉、自家製的發芽小麥全麥麵粉（麥芽）、鹽巴、有機乾燥酵母（0.3%）以及水（80%）製成的麵包。這種含水量較高的麵糰幾乎不需要經過揉製的步驟，只需要等待發酵完全，就能放在300℃高溫的烤床上，以高溫蒸氣烘焙。傷痕累累的石臼也是竹下先生自己親手修復，每一樣做麵包的工具都得到充分的愛護而長期使用著。

將一塊塊耐燒隔熱的磚頭疊起來之後，烤床是以耐火澆料製成，熱源則使用無煙無臭的石碳。其他還有瓦斯窯與桌上型電熱窯這兩座石窯，全都內建了簡易版的鍋爐，可連續噴出蒸氣來烘焙麵包。雖然不是正統的石窯，卻能憑著自身經驗與功力烤出相同等級的麵包。

## 酵母 イースト

酵母是一種細菌，也是讓麵包膨脹的關鍵。1683年，被譽為「微生物之父」的荷蘭科學家「安東・范・列文虎克」在啤酒裡找到微粒子狀的酵母菌。1859年，法國路易巴斯德則解開發酵的關鍵在於酵母菌的作用。日本首次開發國產酵母成功的是田邊玄平先生，他在美國學習酵母的相關知識後，投入大量私人財產努力研究乾酵母。光是以一己之財產進行研究這點，就已經值得後人稱頌了。

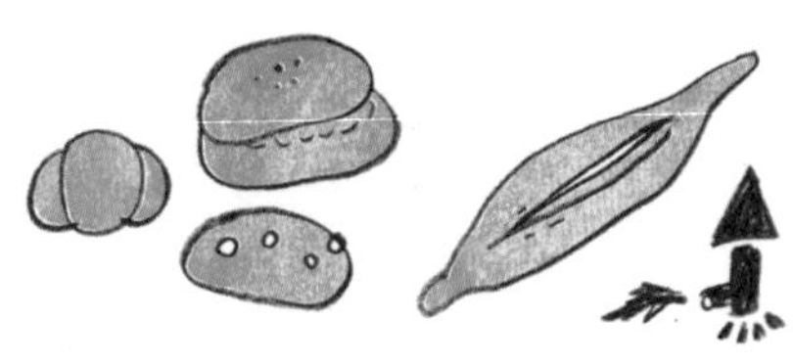

## 墨魚汁麵包 いかすみぱん

這是將墨魚汁揉入麵糰製成的麵包。黑漆漆的外表可能會讓人大吃一驚，但是吃了之後會發現一點腥味也沒有。可另外做成起司麵包或大蒜麵包，也可當成三明治的麵包來吃。更棒的是，一點也不用擔心牙齒會變黑。

## 英式吐司 イギリスパン

這種麵包在烤的時候不會在模型上面加蓋，所以麵包的上半部會非常膨脹，看起來就像是起伏的山巒一樣。切成薄～到不行的薄片後，塗上厚厚一層的奶油再吃，就是道地而高雅的英式風味了。英式吐司的味道非常清淡，所以很適合當成三明治的麵包來使用。對於那些認為吐司就該口感紮實的朋友來說，或許會覺得這種麵包有點讓人意猶未盡吧。

㊮山型吐司、長吐司（Tin Bread。「Tin」就是模型的意思）㊦方角吐司

翻開

※ 不被認為是烤麵包喔

青森縣有一種夾乳瑪琳或甜菜根糖的「英式吐司」，是一種極受歡迎的鄉土食物。

### 酵母的種類

| 活酵母 | 乾燥酵母粉 | 即效乾燥酵母粉 |
| --- | --- | --- |
| 麵包業界最愛使用的酵母。由於是活的酵母，所以要快一點用完才行，不太適合一般家庭使用。 | 活酵母經過乾燥之後製成的酵母，可以長期保存。相較於即效乾燥酵母粉會更有風味。 | 乾燥酵母粉加工之後所使用的產品。一般家庭製作麵包常使用這種酵母粉。 |

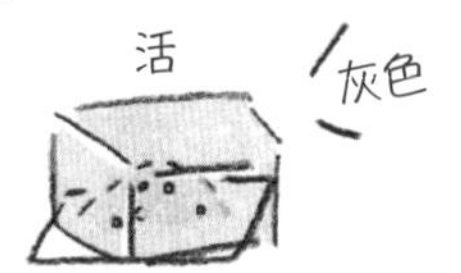

即效

好用

## 伊勢原 いせはら

「沒想到麵包有這種驚人的美味！」讓我第一次如此讚賞麵包的「Boulangerie Benoiton」麵包店的所在地就是伊勢原。對於「Boulangerie Benoiton」這家店的麵包是不會有「那個麵包真是太美味了」的這種感覺，因為每一種麵包都非常好吃啊。只要一口咬下Boulangerie Benoiton的麵包，任誰都會被俘虜的(我一直都這麼覺得)。我曾帶以食為樂的母親前往這家店，結果在回家的路上，母親一邊將麵包塞進嘴裡，一邊忍不住地跟我說出一樣的感言。「啊，沒想到麵包能好吃到這種地步啊！」，當下我覺得，好吃的東西實在不需要贅言形容的啊。

*可惜的是Boulangerie Benoiton在2010年已歇業，該地址改為由徒弟經營的「Moulus a la Meule」麵包店了。

---

ⓘMoulus a la Meule｜神奈川縣伊勢原市板戶645-5 ☎0463-57-3085

## 鄉下 いなか

假日，驅車前往鄉下小鎮，有間必須開車才能抵達的地點悠悠現身的麵包店。在小木屋裡，鋪滿柴木的烤爐裡正在烤著天然酵母麵包與湯品，還有擁有爽朗笑聲的賢伉儷。在抵達這間麵包店之前，已經想像過無數次麵包的樣子，心情也一直亢奮不已，一路上，光是這樣的心情就讓肚子吃飽了。

## 英式瑪芬

イングリッシュマフィン

在英國提到「瑪芬」就會想到下圖這種麵包，但是在日本，為了與美國的杯子蛋糕（甜點）區別，所以特地將這種麵包稱為「英式瑪芬」。這種麵包利用專門的模型烤成圓形，吃的時候要利用叉子將上下撥開，然後挾進培根和起司。黏在周圍的粗玉米粉擁有非常Q彈的口感，也是這種麵包的特徵之一。

## 店內烘焙 インストアベーカリー

在超市或百貨公司內部，自行烘焙銷售麵包的店家。同類型的店大多數於連鎖店，而這類麵包店可以忽略氣溫與天候的影響，烤出品質接近的麵包，對消費者而言，這真是求之不得的事情了。這類的店家可分成從揉麵到烘焙，一條龍製作的家庭式麵包店，與先在工廠製作冷凍麵糰，再在店面烘焙的代工麵包店。

㊮現烤麵包店

## 德國小麥麵包

ヴァイツェンブロート

這是一種來自德國的麵包，「weizen」在德語為「小麥」的意思，也是德國麵包的原型。這種麵包的名稱會隨著小麥與裸麥的比例而改變，詳情請參考德國麵包(→P103)。

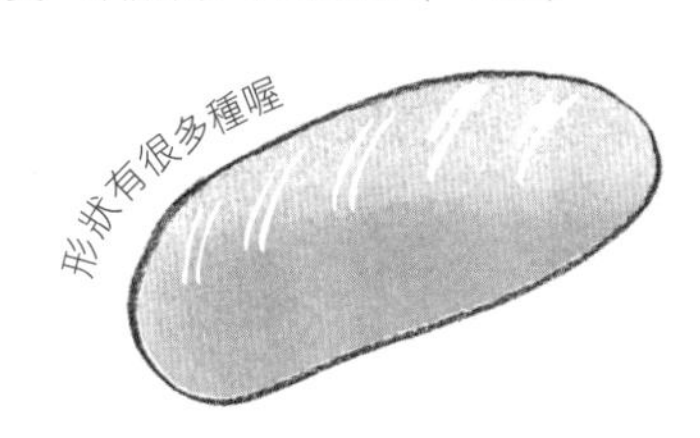


## 維也納麵包 ヴィエナブロート

雖然丹麥最有名的麵包是丹麥麵包[→P101]，但是丹麥麵包的製法是從奧地利的維也納傳入，所以當地人反而對「維也納麵包」這個名稱比較熟悉。

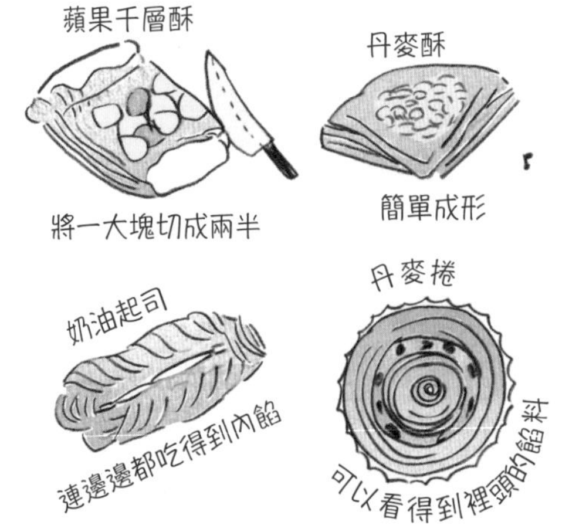


## 甜酥麵包 ヴィエノワズリー

這是一種在法國將稱為「維也納之物」的奶油包進麵糰製成的甜點麵包，通常指的是可頌[→P68]、布里歐[→P141]與法式巧克力麵包[→P124]這類麵包，在法國常被當成早餐或甜點食用。

## 香腸麵包 ういんなーろーる

在長香腸外表包上一圈圈柔軟的麵糰之後，淋上蕃茄醬以及撒一點巴西里烤製而成的麵包，這可是非常受孩子們歡迎的家常菜麵包。而將黃芥末醬與長香腸塞進法國麵糰所烤成的麵包稱為「法式香腸麵包」，不管是大人還是小孩都愛吃這種麵包。

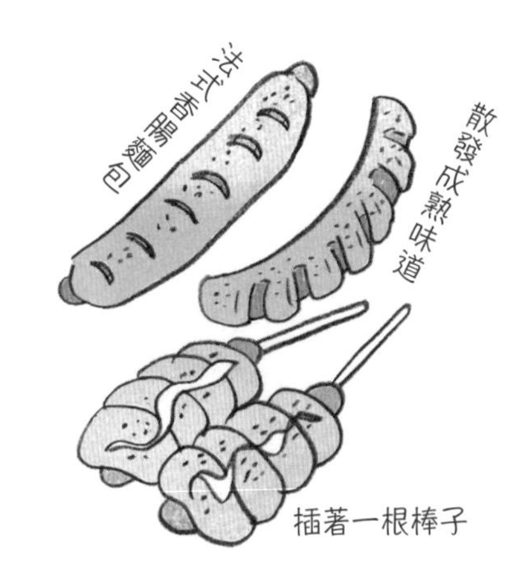

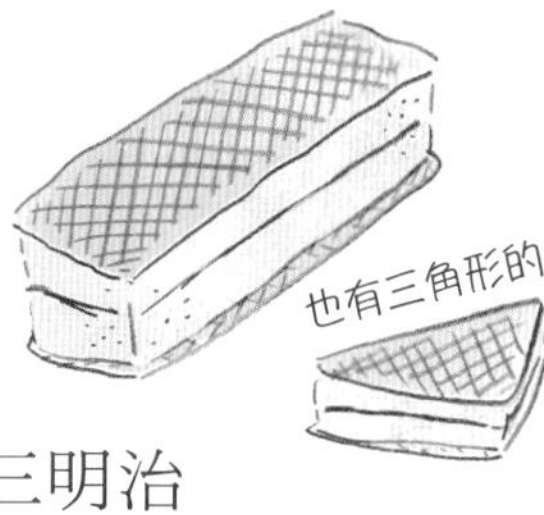


## 夾心酥三明治
うえはーすさんど

夾心酥三明治是一種將蜂蜜蛋糕挾在粉紅色夾心酥裡的甜點。基本上會在蛋糕與夾心酥之間挾香草冰淇淋或果醬，不過也有人做成咖啡口味或草莓冰淇淋口味。總之味道有很多種，夾心酥的顏色也很豐富。不過要注意的是，要是沒辦法一口咬斷夾心酥，裡頭的蜂蜜蛋糕可就會掉出來的喔。

## 打木麵包店 うちきぱん

「打木麵包店」被認為是日本第一間的麵包店。原本是1866年英國人克拉克先生在橫濱經營的YOKOHAMA Bakery（橫濱烘焙坊），到了1878年打木彥太郎先生以學徒的身分住進店裡打工，十年之後，克拉克先生便將自己的店讓給打木先生，自此這家麵包店更名為「打木麵包店」。復古的店面專用包也非常受到歡迎。

ⓘ打木麵包店｜神奈川縣橫濱市中區元町1-50
☎045-641-1161

## 傳說中的麵包 うわさのぱん

在我小學時（90年代）吃到的「傳説中的麵包」，其滋味至今仍無法忘懷。一個袋子裡裝了五顆小小的白麵包，每一顆看起來都平凡無奇，而且連內餡都沒有。但是一口咬下，隱約的甜味就在口中慢慢擴散開來，一股美妙的味道就此油然而生。或許是「傳説中的麵包」這個名字讓我覺得這種麵包特別好吃吧。到了堪稱大人的年紀之後，某天我將這個麵包的名字寫在小冊子裡，結果有人在讀到這個名字之後，告訴我他找到了這種「傳説中的麵包」。原來這種麵包就藏身在福岡的鄉下地區，位於西新商店街某個角落的麵包店，而這家麵包店正是九州最有名的麵包公司「FRANCOIS」的直營店「西新烘焙坊DotPolka」。根據開發人員的説法：「17年前，為了讓早上沒時間的人能立刻吃到麵包，又希望能成為眾人口中傳説中的麵包，所以才開發了這種麵包。當時每一家店都在做這種麵包，但是如今只剩下一間店在做了。」真是可惜，看來會製作「傳説中的麵包」的店家已經寥寥無幾了。不過經過這麼久之後，寄託在白麵包身上的願望終於實現了。

ⓘ西新烘焙坊Dot Polka｜｜2016年2月已歇業

## 圖畫（麵包的畫圖歌） え

這些圖案都很簡單，請大家務必跟著一起畫喔。如果能畫在信紙的最後面，愛吃麵包的朋友在收到這封信之後，一定也會很開心的。

一座小山

帶著兩座
小山

杯子先生
你早安

人生有點
小轉彎

吐司
畫好囉

一個小圈圈

畫上兩個
耳朵

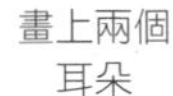

腳兒偷伸
出來

可頌麵包
畫好囉

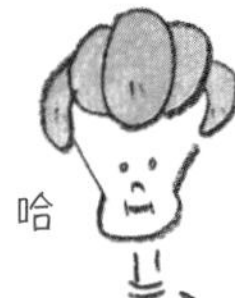

一顆小淚珠

轉成漩渦
咕嚕嚕

再轉一次
咕嚕嚕

翻過身來

扭結麵包
畫好囉

一根棒

加上盤子上的
兩顆豆子

再加上一個
吐司

兩個熱狗麵包

三明治也來幫忙

畫上微笑的嘴角

麵包店的大姐
就畫好囉

## 電影 えいが

小學時代覺得一邊吃著漢堡一邊看電影是一件最幸福的事情，等到長大後，手上的飲料從可樂換成了咖啡。電影裡的時代未曾改變，而現實世界的我們卻已在不知不覺之中產生了變化。接下來我要介紹幾部跨時代的經典電影。

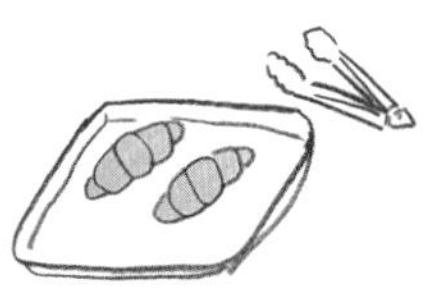

『DVD&BOOK
襲擊麵包店』
發行：Cinemanbrain
銷售：JVD

### 肚子餓的話，任誰都會這麼做

『襲擊麵包店』

肚子餓到不行的「我」與同伴，在身上藏著菜刀朝著商店街的麵包店出發，襲擊麵包店的原因只是想要吃麵包吃個過癮罷了。播放著華格納音樂的麵包店裡只剩一位女性，我開始想著麵包的哲學。等待著襲擊麵包店的兩個人……結果沒有襲擊店長也吃到了一大堆麵包，這其中到底藏著什麼原因呢？同名小說的續集有《麵包店再襲擊》（村上春樹 文春文庫），以及再續集的《襲擊麵包店》（村上春樹 新潮社），絕對是一套您想一次讀完的系列叢書。

©山川直人

因滿口麵包而露出幸福表情的「我」與同伴。被稱為自主製作女王的女優室井滋小姐也演出了這部電影。

### 幸福的麵包在何處？

『幸福的麵包』

這是講述水縞夫婦一年四季在北海道的洞爺湖畔——月浦經營咖啡廳「Mani」，一邊做著麵包，一邊與客人交流的故事。失戀的女性、感情失和的親子、懷著某種決心來到月浦的老夫婦，在這些樣貌各有不同的人們之中，總是能看到水縞先生烤的麵包以及理惠小姐煮的咖啡。這是「一起分食麵包」所能看到的世界。看完電影之後，我也讀了這部電影的導演所寫的小說。循著文字而行，在盡頭看的是洞爺湖明媚的風景。不自覺，想去那座小鎮走走逛逛的心情也油然而生。

『幸福的麵包』
DVD&Blu-ray發售中
銷售：ASMIK-ACE、OFFICE-CUE

©2011『幸福的麵包』製作委員會

這是一部角色鮮明的電影，像是擁有千里耳的玻璃彩繪作家YO-KO小姐或是抱著謎樣行李箱的阿部先生，都讓這部電影變得更加鮮活有趣。

接下來就出發吧!!

哇

電影
『幸福的麵包』
的小鎮與其周邊之旅
in北海道
洞爺湖
洞爺湖的日文發音不是
「DOUZI」而是「TOUYAKO」
帶著大家
一起遊覽吧
SAPPORO
從札幌出發，
車程約2個小時
在這裡
梠山小姐
因電影而誕生的
麵包店「CORON」的
企劃負責人
ABIKO小姐
製作名為
CHILLOUTCOOK果醬
與醬料的人
哇
陽子小姐的工作區
RAMUYATO
有石釜烘焙的麵包和美味的
咖啡。店裡排滿了各種手工
揉製、自然發酵的麵包。
工作人員
藤原典子
小姐
永井愛
小姐
glass
Cafe
gle-gla
店長
KONNOMASUKI
麵包師傅
GONCHIYAN
也銷售愛
奴人製作的木雕
人偶「蕗葉
精靈」喔
好像會
掉到湖裡
一樣
滾來
滾去

START→

第一站先拜訪椙山小姐的店「Boulangerie Coron」吧。這裡可以吃到在東京名店長時間修業的高崎真哉師傅特製的北海道風味麵包。

也有賣ABIKO小姐的果醬與醬料喔

當令的水果與蔬菜的滋味緊緊地濃縮在這一瓶裡

這款麵包80%成分都是北海道的玉米，味道非常非常地甜美！

「口感紮實的法國田園麵包，可以吃得到一顆顆的玉米。」

從The Windsor Hotel可以一眼望盡洞爺湖的美景!!

YOUTEIZAN
羊蹄山

好漂亮!!

前往洞爺湖的途中就會遇到羊蹄山!!

外形很像富士山，所以又被稱為「蝦夷富士」。

五月上旬

路面還看得到雪喔－哇──

★玻璃彩繪師陽子小姐的工作室

←

要去看看細川高志先生的人像唱歌

買了「什麼都不是的酒杯」

老闆是高臣大介先生。有時候可以看到老闆製作花瓶的過程，據說一天好像會製作3～100個玻璃彩繪作品。

ⓘBoulangerie Coron｜北海道札幌市中央區北2條東3丁目2-4 prod.23 1F　☎011-221-5566
ⓘglass café gla_gla｜北海道虻田郡洞爺湖町月浦44-517　☎0142-75-3262
ⓘRAMUYATO｜北海道虻田郡洞爺湖町洞爺町128-10　☎0142-87-2250

## 土耳其麵包 エキメキ

「Ekmek」是土耳其語的「麵包」。這種麵包的外型有很多種，有的長得像長長的法國麵包，有的則是扁平狀，甚至還有中間是空的口袋形狀，一般會被當成隨餐麵包，與燉煮類的料理或湯品一起吃。土耳其以及中東、近東這一帶屬於麵包發源地，所以還看得到形狀最接近原型的麵包。

## 江古田 えこだ

這是超人氣麵包店「Parlour江古田」的所在地，還可以在店裡的櫃台吃到麵包。非常愛吃麵包的女性成功人士告訴我：「這是當地居民愛去的麵包店，當然也很歡迎初次上門的顧客。店長原田浩次先生為客人營造了悠哉的店內氛圍，店裡也陳列著許多正統道地的麵包，真的是一間很棒的麵包店呢！」（另外在練馬區又開了與幼稚園合作的第二間店「小鎮的Parlour」）

ⓘParlour 江古田｜東京都練馬區榮町41-7
☎03-6324-7127
ⓘ小鎮的Parlour｜東京都練馬區小竹町2-40-4 1樓
☎03-6312-1333

## 麥穗麵包 エピ

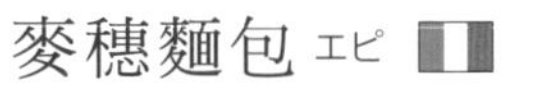

「épi」是法語「麥穗」的意思，而日本習慣將麵糰先剪成麥穗形狀，然後將培根塞入麵糰，做成像是麥穗的樣子。每家店的麥穗麵包大小都不太一樣，有的甚至大到可以滿足一個成年男性的一餐，所以常可看到男性購買這種麵包。

## 貓王 エルヴィス

傳說是美國搖滾歌手貓王最愛吃的三明治。做法是在吐司裡先塗上花生醬、香蕉與烤過的培根，然後將吐司放到鍋裡以奶油煎過一遍。據說貓王也很喜歡花生醬＋果醬的組合。

## 黃檗 おうばく

這是擁有沛然之力的麵包店「玉木亭」所在地的車站。之前獨自展開京阪神三地麵包巡迴之旅時，我就被這間店的味道重重地衝擊了一番。在近似苦行的麵包巡迴之旅最終日，我非常煩惱要不要去拜訪這家小店，結果上門品嚐之後，立刻從麵包感受到一股難以言喻的力量。回程中，我覺得身體也因為這家店的麵包而湧現了力量。我逕自下了這樣的結論：「厲害的麵包店通常位於住宅區裡！」當時的我非常愛吃充滿奶油香氣的硬式法國麵包。

ⓘ玉木亭｜京都府宇治市五ヶ庄平野57-14
☎0774-38-1801

# 開胃菜 おーどぶる

這是一種在設宴款待客人或派對的場合裡，將一些重新料理過的吐司或法國麵包擺在盤子上，方便客人拿著吃的料理。有的是先將法國麵包切成圓片，然後將一些小菜鋪在麵包上的小點心；有的則是在麵包中間挖個洞，然後將餡料塞在裡面，或是將火腿捲在吐司裡面的開胃菜。這些各有特色的麵包擺盤上桌之後，會讓整個宴會都增色不少。

基本上是三明治

# 媽媽味麵包 おかあさんのぱん

顧名思義，這款麵包充滿了媽媽的味道。我曾想過，充滿媽媽味的麵包，到底是什麼樣的麵包。媽媽烤的麵包，是每天都要吃的麵包，也是從20年前開始每天都烤的麵包，更是媽媽被四季花卉圍繞的同時，一邊用鼻子哼著旋律，一邊為家人所烤的幸福麵包。

大學朋友．直子小姐的媽媽——惠子阿姨的拿手絕活就是菠蘿麵包、北歐麵包以及潛艇堡麵包。

有的做法是將烤過的洋蔥揉進麵糰裡

# 洋蔥麵包 おにおんぶれっど

將洋蔥、起司與火腿捲在麵糰裡，上面再鋪一層起司，最後放入模型烘焙的家常菜麵包。洋蔥的甜味與起司的鹹味總能迅速引起食慾。

# 故事 おはなし

位於大阪市平野區的麵包店「與麵包對話 蘋果的發音」，每天都製作著讓生活多點刺激味道的麵包。店長青木先生為每款麵包都取了一個幽默的名字，讓每個麵包都擁有自己的故事，也隨著故事送到客人的手中。不過，店裡的價目表只寫著麵包的名字，相信客人們光是看到這些名字，就會開始想像麵包的故事了吧？一邊細細品嚐著麵包的滋味，一邊想像著麵包背後的故事也是別有一番趣味。

---

ⓘ蘋果的發音
大阪市平野區流町1-9-14
☎06-6701-7169

店裡的招牌麵包，是一款長得像立方體吐司的「箱中信」。

箱中信

風兒從寂靜小木屋的細縫鑽了進來，叫醒了我。

用手電筒照了照枕邊的時鐘，發覺現在還是凌晨兩點。

突然發現，睡前還不存在的一封信，現在就擺在時鐘的旁邊。

插圖 TSUKIYAMAIKUYO
故事 青木俊介

## 音樂 おんがく

一邊聽音樂，一邊做麵包，會有什麼趣事發生呢？麵包會變得更美味？過程會做得更加流暢迅速？這該不會是旁門左道吧？每一位麵包師傅對邊做麵包、邊聽音樂都有自己的一套看法。像是熱愛科技舞曲的店長佐佐木滿成先生，習慣在自家的「TECHNO麵包」播放鐵克諾音樂（Techno），他說：「這種鮮明的節奏感讓我會越做越有感覺。」他也讓我知道什麼是「讓麵包越做越順手的音樂」。

**「讓麵包越做越順手的音樂」**
**是怎麼樣的音樂呢？**

節奏感鮮明、節拍俐落、鼓聲的多樣化、貝斯的低鳴、四拍的曲調都是讓人越聽越上癮的元素。曲子的節奏部（大鼓、貝斯）越是和諧，越是加速麵包的製作。如果是現場演奏的版本，可以讓我更加振奮喔！

ⓘTECHNO麵包
京都市伏見區淀際目町241-6
☎075-631-5599

『Tong Poo（東風）』
Yellow Magic Orchestra

這是YMO早期的名曲。這首鐵克諾音樂是YMO第一次世界巡迴的作品，擁有非常有力的節奏感，細野先生的貝斯簡直就像是生物一樣活著，搭配幸宏先生簡單而強烈的擊鼓，整個節奏部達到了某種完美的境界。由於吉他的部分被裁掉，所以之後的合成是在錄音室完成的，但獨奏的旋律與音色堪稱是這張專輯的美妙之處。在工作的時候放這首歌，可以讓麵糰的分割與揉圓以最快的速度完成！將大量塗好蛋液的奶香包麵糰放入烤箱裡的流程，也會變得更將圓滑順暢！總之這是一首會讓心情大好的歌曲，與其聽原始的鐵諾克音樂，還不如聽這首名曲來得愉快。

收錄專輯：
『Public Press』
Yellow Magic Orchestra／Sony・Music Direct

『STAY CLOSE』
高橋幸宏

由幸宏先生與Steve Jansen這兩位鼓手共同演奏的名曲。這首歌原始鐵諾克版本的鼓聲是由電腦合成，但是幸宏先生的鼓聲裡充滿了現場演奏的氣氛，越聽越讓人心情高昂！一開始的二重奏到後來的旋律都能讓人越聽越興奮，曲子本身也夠長，很適合在替麵糰塑型的時候聽。

收錄專輯：
『STEEAY CLOSE』高橋幸宏／Pony Canyon

『My ever changing moods』
風格議會合唱團（The Style Council）

這首歌是風格議會合唱團早期的代表曲。原始版本的PV（1984）就是那部騎著腳踏車衝刺的PV。現場版本比原曲的節奏更快一點，開頭的吉他演奏也超酷的！保羅威勒的聲線搭配史蒂芬懷特充滿質感的鼓聲，不斷地散發出強烈的臨場感。不管麵包的流程進行到哪個階段，這都是一首能讓流程加速的好歌。

收錄專輯：
『The Sound of The Style Council』
Style Council／環球音樂

〔專欄〕麵包×旅行

# 旅程中遇見的麵包

南陀樓綾繁

嚐不出麵包好壞的朴念仁，明明只習慣挑家常菜麵包來吃，為什麼在旅途中發現麵包店會想要進去看看呢？這是從以前就有的習慣了。當地居民每天早上必定去買的麵包店，一定是最棒的麵包店了。

前幾天我去了趟位於盛岡的福田麵包店[→P138]。從車站搭上車資100日幣的「電電蟲」公車，一路到了站牌之後，再走幾分鐘就會看到停車場不斷有車子進出的一家店。沒錯，那就是福田麵包的總店。帶著帽子的大叔插圖真是好可愛。

一走進空蕩蕩的店裡，不禁讓我懷疑是不是走錯了地方。櫃台上方放有類似立食蕎麥麵店的菜單，只要點好要挾在麵包裡頭的材料，店員大嬸會立刻用刮刀從罐子裡將奶油挖出來，然後塗抹在熱狗麵包上。我觀察排在前面的人之後，發現一個麵包可以塗好幾種奶油，所以我點了塗有優酪與鮮奶油的口味，以及放有生菜沙拉的咖哩麵包，然後立刻前往店內的食用區，準備大快朵頤一番。

福田麵包的體積很大一顆，而且又塗了滿滿的奶油，光吃一個就可以滿足我的胃袋。我坐在一旁聽其他客人都點了些什麼，發現每個人點的口味都不一樣，讓我覺得這真的很有趣。我常聽到有人點「原味」，難道這是什麼暗號嗎？

原來，福田麵包的前身是營養午餐，隨著在超市販售之後，便漸漸受到盛岡人的喜愛。我覺得不管是問別人喜歡哪些口味，或是分享自己喜歡的口味，都是一件很有趣的事情。

當天與作家木村紅美小姐不期而遇之後，得知木村小姐以「福田麵包店」為題材，寫了一部同名的小說，而這部作品收錄在《英國海岸》（Media Factory）裡，我剛好也有買這本書。雖然一切都是巧合，不過今年「MORIBURO」書展的主題就是宮澤賢治，以「IHATOVE短篇集」為副標的這部作品也於Holz這間店銷售。

回到旅館，我一邊吃著剛剛沒吃完的咖哩麵包，一邊讀著《福田麵包店》這本小說時，我才發現原來福田麵包店最受歡迎的是「紅豆奶油麵包」，決定明年來的時候一定要點這個口味了。

南陀樓綾繁
作家．編輯。1967年於出雲市出生。「不忍Book Story的一箱古本市」的發起人，於全國各地的書展出沒中。著有《一箱古本市的散步對策》（光文社新書），以及其他著作。

滿是愉悅的
吃著麵包

模特兒｜轟木虎之介

# か行

## 香蒜法國麵包 がーりっくとーすと

這是一種在法國麵包塗一層大蒜奶油醬，再放入烤箱烘烤的麵包。剛烤好的口感特別不一樣，香氣也十分出眾。硬口感類的麵包比起軟口感類的麵包，我覺得更適合塗上大蒜奶油醬。所謂補充活力的食材搭配口感硬實的麵包，就是這麼一回事吧！

形狀有很多種。

有切成圓片再塗上大蒜奶油的。

也有將大蒜奶油塗在法國麵包正中間的。

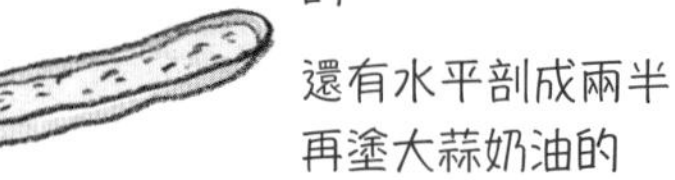

還有水平剖成兩半再塗大蒜奶油的

吃了香蒜法國麵包之後的感覺

## 凱薩麵包
カイザーゼンメル

這款麵包誕生於奧地利，因為酷似皇冠的外型而被冠上「凱薩」個名字。在德國也能常吃到這款麵包，剛烤好的時候特別好吃，所以又被稱為「2小時麵包」。水平切開之後，將配料挾在裡頭，當成三明治也特別美味。在京都「志津屋」販售的「CARNET」(→P55)會在凱薩麵包裡挾入火腿與洋蔥片，口味純樸，所以成為京都人的經典點心。

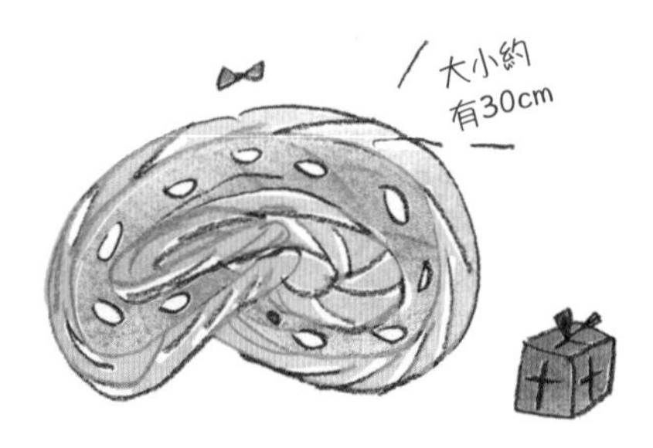


## 丹麥花捲麵包 カイングラ

這是一種被稱為丹麥酥皮麵包之王的大型麵包。每逢生日，丹麥人就會買這款麵包慶祝，然後與親朋好友分享，意思是將喜悅分給別人的意思。

## 方角吐司 かくしょくぱん

在模型上面加蓋再烤的吐司。由於外型很像美國載客火車製造會「Pullman」生產的火車，所以又被稱為「Pullman 形」麵包。烤好之後，先放著等待餘熱退散，當麵包變得更紮實之後，美味就會更上一層樓。㊎山型吐司、英式吐司[→P34]

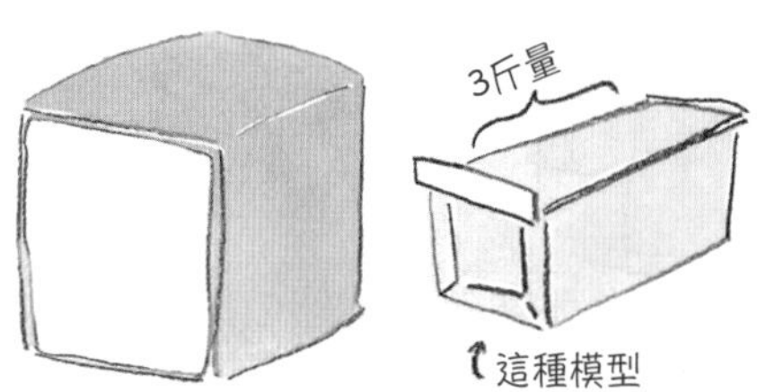


## 裝飾麵包 かざりぱん

全部都是用麵包製作的裝飾品，常常在有活動或慶祝時使用。下圖是參與2013年福岡縣（田川郡川崎町）麵包節，「川崎麵包博覽會」的人一起製作的裝飾麵包，裡頭詳盡地刻劃出田川的特色與鎮上的吉祥物。

## 甜點麵包 かしぱん

甜點麵包算是一種點心，在麵糰裡包進大量砂糖調和的內餡。據説甜點麵包的始祖就是發明紅豆麵包的木村安兵衛先生。自從紅豆麵包問世之後，日本特有的甜點麵包也陸續誕生。像是紅豆麵包、果醬麵包、奶油麵包、哈密瓜麵包、奶油捲麵包等都屬於日本自創的麵包。

## 棍子麵包三明治

カスクート

顧名思義，就是在棍子麵包夾入食材的三明治。原詞「cascroute」在法語就是指輕食的意思。

經典 常吃得到的口味

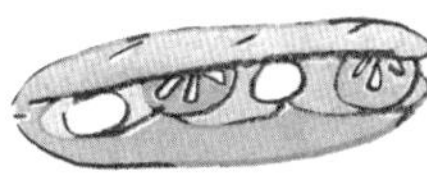

莫札瑞拉起司
+
蕃茄
+
巴西里

卡蒙貝爾起司
+
火腿

抹醬
+
酸黃瓜
+
萵苣

雖然簡單，但是分量十足！

## 卡士達醬 カスタードクリーム

這是填入奶油麵包裡的內容物。將蛋黃、麵粉、砂糖拌勻後，再倒入牛奶，然後慢慢加熱、慢慢攪拌，直到材料變得濃稠為止。有時為了增加風味，還會加入香草莢。有些店家會自製卡士達醬，只要一吃就能充分了解店家的風味，所以每次買麵包的時候都習慣把手伸向奶油麵包。

## 蜂蜜蛋糕 カステラ

16世紀由葡萄牙的傳教士傳入日本的甜點，雖然名字的起源眾説紛云，但最為有力的説法是這種蛋糕的發音源自西班牙王國「卡斯蒂利亞」（Castilla，葡萄牙發音為「castella」）。

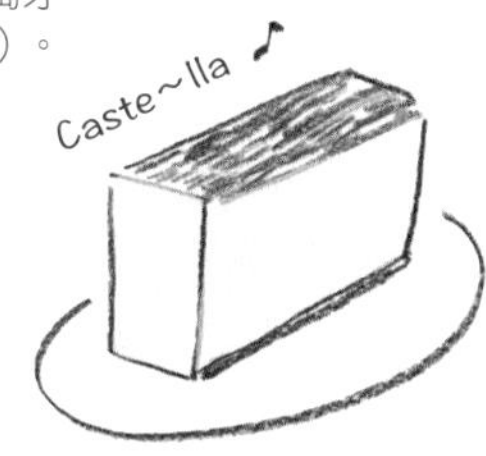


## 蜂蜜蛋糕三明治

カステラサンド

「外觀看似麵包，但是一口咬下卻吃到奇妙的麵糰口感……這到底是什麼？」原來是裡頭挾著蜂蜜蛋糕的三明治啊！口感鬆軟的麵包裡挾著美味的蜂蜜蛋糕與奶油霜，形成極為特殊的口感。

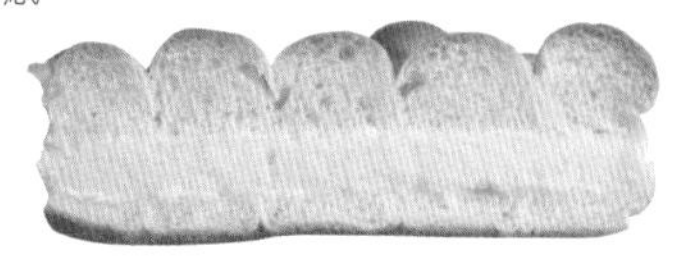

## 模型 かた

用來製作麵包的模型有各種不同的形狀，有的會在表面施加鐵氟龍處理，但通常的做法是在表面塗上奶油或是沙拉油。

這是以緊急存糧為前提所開發的「鐵罐裝保存用鐵硬麵包」。罐子裡裝有170片（5片×34袋）的硬麵包。松田先生說：「這種麵包很適合搭配無糖咖啡一起享用，用烤箱烤一下再吃也很美味。」

## 硬麵包 かたぱん

這種超～硬的麵包是北九州的特產，正式名稱為「KUROGANE硬麵包」，「KUROGANE」的意思為鐵。大正時代，為了讓官營八幡製鐵所（目前的新日鐵住金八幡製鐵所）的製鐵工人消除疲勞，特別製作了這種麵包。為了可以大量生產與長期保存，所以極力減少麵包的含水量，因此這種麵包才會硬得像名字裡的「鐵」一樣。2011年日本大震災之後，這種麵包的訂單突然激增，所以特別開發出能保存五年的特製鐵罐版。一旦發生災難，這種鐵罐可承受高達150公斤的重量，還能當成水桶或椅子來使用，所以特別請SPINA的松田明先生試坐了一下。

---

問 (株)SPINA
☎093-681-7350（硬麵包課）

用咖啡或牛奶泡軟之後會比較容易食用。

## 樂器 がっき

接下來要介紹的是名字裡帶有麵包的樂器，或是利用麵包發出音階的樂器。像是可以敲打出「呯」或是吹出「啪」的聲音，這些樂器雖然傳統，卻都能讓我們吹出快樂的音符。如果將這三種樂器組合起來，不知道會聽到什麼美妙的音樂呢？

潘笛

據說在羅馬尼亞利用蘆葦製作的傳統笛子是世界上最古老的樂器。從上方吹入空氣，長管會發出較低的音階，而管子越短，發出的音階會越高。一般認為，潘笛這個名字起源於希臘神話裡牧神「潘」的名字。（潘：音同日文的麵包）

鋼鼓（Steel Pan）

這是在千里達及托巴哥共和國誕生的打擊樂器，主要是利用該國生產的油桶製作。獨特的彈性可發出具有浮遊感的音色，這也是這項打擊樂器的特色之一。這項樂器號稱是「20世紀最大型的原聲樂器」。

帕卡瓦甲鼓

這是北印度傳統的兩面鼓，需要盤坐在地上並在左邊的鼓面貼上麵糰，然後以雙手拍打演奏的樂器。貼上麵糰之前的聲音非常具有活力，貼上麵糰之後轉換成會讓腹部跟著震動的低重音。演奏之後的麵包通常會烤來吃，烤好的麵包擁有不凡的香氣之餘，也帶著溫潤柔雅的滋味。

## 豬排三明治 かつさんど

這是在吐司裡頭挾入豬排的三明治，通常會淋上醬汁，並且挾著高麗菜絲一起吃。正常都是3～4塊三明治整齊地排在四方形的盒子裡，大小適中，隨時可以輕鬆地品嚐，並解決暫時的空腹感。也可以利用火腿排取代豬排，做成庶民口味的三明治。

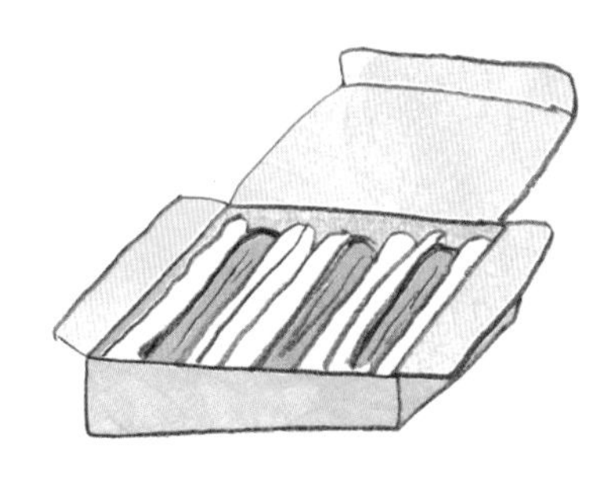

# 活版印刷 かっぱん

在活字組成的印刷版塗上印墨，再將印刷轉印在紙上的傳統印刷技術。凹凸感與微妙的誤差所造成的風格與溫潤感，都是在最近成為主流的平版印刷裡所體驗不到的感受。

我請師傅以活版印刷印了一些吐司的插圖

呵呵呵

## 『直到作成吐司明信片為止』

1

這次使用的是「手動式平壓平燙金機」這種小台機器印刷。

2

先調和印墨的顏色

3

首先從吐司的插圖開始印刷。（第一版）

4

接著將「吐司」、「活麵包」這些文字部分的活字拼組起來

5

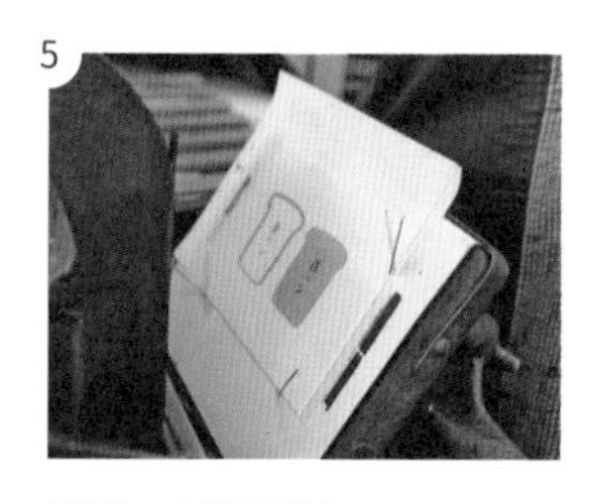

印刷。（第二版）

6

完成。從事印刷工作達60年的職人山田善之先生為我印製了吐司的明信片。

剛印好熱騰騰的

從印刷到墨水完全乾燥只需要一天！

協力
文林堂
福岡市城南區鳥飼5丁目2-18
☎092-851-9531

## 開胃小點心 カナッペ

①在北九州市旦過市場裡有間魚板老店——「小倉魚板」，第三代老闆森尾和則先生的媽媽廣子小姐想出來這道小倉名產。昭和34年，非常愛吃麵包的廣子小姐想試試看將魚漿包在麵包裡再拿去炸會有什麼趣事發生，結果就發明了這道小點心。這道小點心的外層包了一層薄吐司，裡頭是魚漿、洋蔥、胡蘿蔔、胡椒拌成的內餡。要將吐司切得薄薄的可是一項絕技。一口咬下炸得酥脆的吐司，裡頭的油脂瞬間在口裡迸發，接著撲襲而來的是魚漿那Q彈的口感。外表看起來很日式，但是咀嚼時卻是滿口的西式風味。千萬要小心這款麵包，因為你很可能會像是中毒地愛上它！聽說有位計程車司機連續兩個月每天都來買喔！

ⓘ小倉魚板｜福岡縣北九州市
小倉北區魚町4丁目4-5 旦過市場內
☎093-521-1559

②這種麵包是一種開胃菜。在切成薄片的麵包鋪上各種美味的食材，常在家庭這類聚會時提供賓客享用。這個名字在法語的意思是「長背椅」。

## 螃蟹麵包 かにぱん

1974年開始銷售的麵包，外形長得很像螃蟹。沿著表面的裁切線剝開麵包，還能將麵包剝成各種有趣的形狀。

㊞三立製果株式會社
☎053-453-3111(代表號)

螃蟹麵包
章魚麵包
用手掰開
攝影機麵包
吹風機麵包

## 可麗露 カヌレ

可麗露的法文「cannelé」是「有溝槽的」的意思，是法國波爾多地區的傳統甜點。外層雖然黑黑硬硬，內層卻是奶油的顏色，而且口感非常溼潤柔軟。由於製作葡萄酒的過程會加入大量的蛋白去除沉澱物，人們就將多出來的蛋黃用來製作這項甜點。之後更學會在甜點的模型裡塗一層蜜蠟，賦予這道甜點獨特的酥脆口感。可麗露曾在日本90年代的後半掀起一股風潮。

## 包包 かばん

位於關西某家個人麵包店推出了「除此之外絕無僅有」的超人氣麵包之後，老闆想到將麵包轉印在包包上，所以發明了這款托特包。這款托特包的好處在於塞再多質地柔軟的麵包也不會讓麵包被壓扁，而且還能輕鬆地掛在肩上揹著走。雖然拿著這種包包去麵包店買麵包很開心，但有時候也會因為表面印製的麵包而有點丟臉。這種進退兩難的感受還真是令人不知所措啊！

---

問株式會社OPUS Design｜☎06-6125-1556

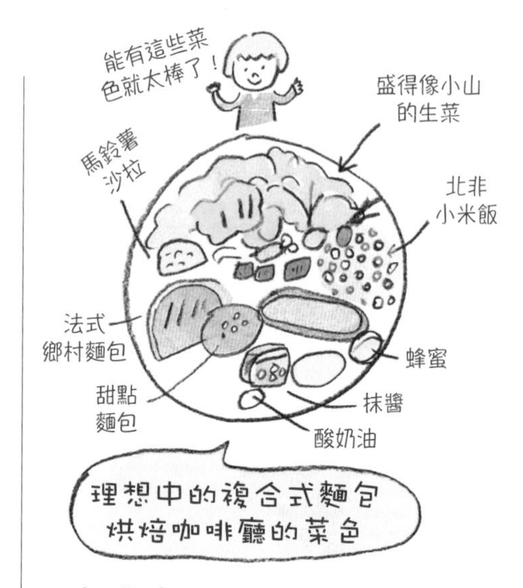


## 咖啡廳 カフェ

買了麵包就想趁熱吃，這應該是愛吃麵包的人的習性，而最能滿足這種慾望的就是複合式麵包烘焙咖啡廳了，當場就能品嚐鍾愛的麵包可是無比幸福的。對我來說，複合式麵包烘焙咖啡廳能夠提供「好吃的麵包搭配沙拉與咖啡」套餐的話那就最理想了。我在大阪有這類店家的口袋名單。

## 龜井堂 かめいどう

接受美國籍牧師的建議，於1903年創業的百年麵包老店，在鳥取縣當地可是無人不知無人不曉的名店。最經典的麵包就是在有吐司邊的吐司塗上花生醬與果醬的「三明治」。「MyFry」是一種在兩片吐司裡挾紅豆泥，然後在表面沾一層麵糊，再放到油鍋裡炸得酥脆的油炸麵包。這種油炸麵包將吐司邊都切掉了，所以比一般的吐司來得還小。切掉的吐司邊可做成「RUSK」。由於分量紮實，十分受到正值食慾旺盛時期的高中生們歡迎。

---

問(有)龜井堂｜☎0857-22-2100

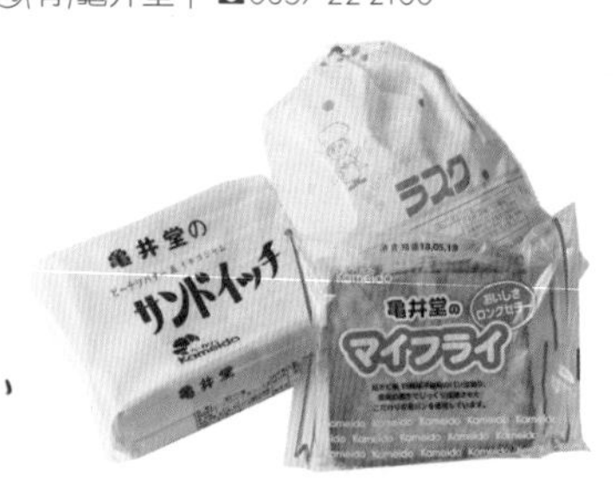

## 攝影機 カメラ

將固定式的攝影機水平地左右旋轉拍攝稱為「PAN（水平運鏡）」，而一邊追著移動的拍攝主體，一邊進行拍攝的方式稱為「Follow Pan（追蹤運鏡）」。讓前景到遠景全部對焦的方式稱為「Pan Focus（泛焦拍攝）」。

## 洋蔥火腿三明治 カルネ

在法國麵包挾入火腿與洋蔥片，是京都人愛吃的經典點心麵包。カルネ（carnet）一詞是法語的「地下鐵回數票」，隱含著希望消費者能像使用回數票一樣，每天都來買這款麵包的意思。

---

問(株)志津屋｜☎075-811-6000

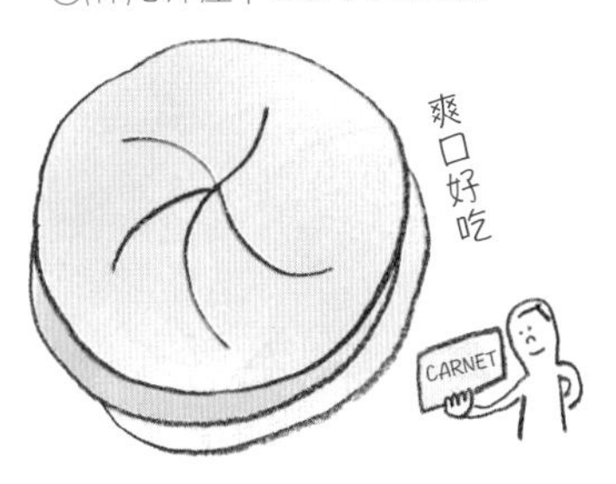


## 披薩餃 カルツォーネ

先將內餡包在披薩餅皮裡，對折後放入烤箱烘焙的麵包。義大利各地的披薩餃大小各有不同，做法也不太一樣。有的地區習慣油炸，有的則習慣烘焙。

看起來像大的餃子

## 咖哩麵包 かれーぱん

據說1927年東京「名花堂（現在的Catlea）」，從豬排飯得到靈感而製作的「洋食麵包」就是咖哩麵包的前身。咖哩麵包不只有油炸口味而已，如今隨著養生意識的興起，以烘焙方式製作的咖哩麵包也漸漸成為主流。有些麵包店會希望咖哩內餡硬一點，所以會花更多時間製作。

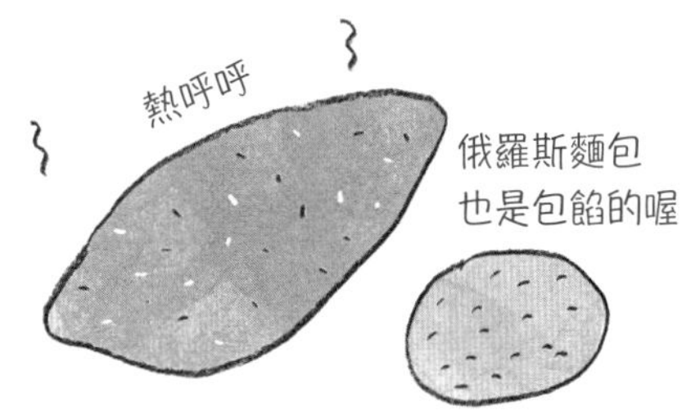


## 法式烘餅 ガレット

①一種是利用麵粉製作的法式鹹可麗餅，屬於法國波爾多地區的鄉土料理。鋪上雞蛋、火腿或起司這類食材，成為正餐裡的一道菜。
②另一種是舒芙蕾、布列塔尼酥餅這類大量使用波爾多地區特產「含鹽奶油」製作的點心。

布列塔尼酥餅

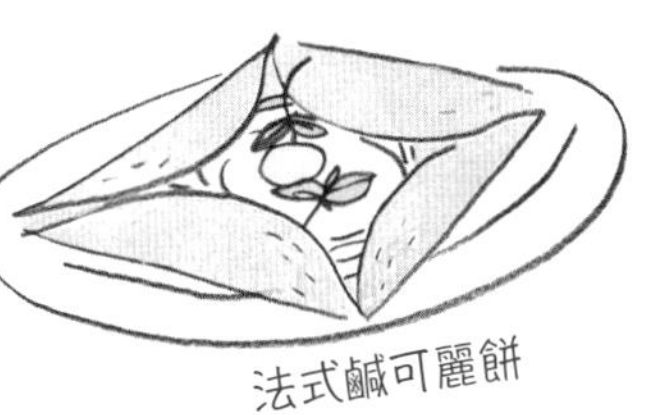
法式鹹可麗餅

## 國王派 ガレット・デ・ロワ

國王派（Galette des Rois）是「國王甜點」的意思，也是法國的傳統甜點。每逢新年，法國的蛋糕店或麵包店都會銷售這款點心。主顯節（1月6日），法國人會邀請朋友與家人分享國王派，據說如果分到藏著名為「fève」小瓷偶的餅，那個人就能成為當天的國王，除了接受大家的祝福之餘，還能享受一整年的幸運。

## 卡累利阿派
カレリアンピーラッカ

這款麵包誕生於芬蘭東部卡累利阿。名字裡的「pirrakka」是芬蘭語「包入」的意思。做法是將名為「Riisipuuro」的甜米粥包入尚未發酵的裸麥麵糰裡，再以蒸氣烘熟，甜米粥也可以換成其他種類的內餡。我還記得第一次在京都的芬蘭麵包專賣店「Kiitos」看到這種麵包，還不禁大呼一聲「哇～」，因為形狀實在太特別了。這也是有機會到芬蘭一定要吃的食物。

## 罐頭麵包 かんづめ

這是放在罐頭裡用以長期儲存的麵包。這類罐頭麵包大多數都比一般的「新鮮」麵包還要耐放，最長可保存超過一年，完全可以當成緊急災難時的備糧使用。一打開罐頭，膨鬆柔軟的麵包就會立刻探出頭來，也常被當成是太空食物使用。

---

問「PAN•AKIMOTO」
客服處
☎0287-65-3352

## 法國鄉村麵包
カンパーニュ

鄉村麵包的法語是Pain de campagne，意思是這款麵包遵守著農家的傳統製法所製成，也就是利用天然酵母讓麵糰慢慢發酵的工法。這款麵包的儲藏期限較長，深褐色的外表散發著一股沉著的氣氛。據說畫家達利（Salvador Dalí）也非常愛吃這款麵包。

## 乾麵包 かんぱん

這是減少麵糰含水量且烤得乾硬的一種麵包，保存期限非常之長。與「硬麵包」(→P50)的名稱雖然相似，但是質地卻比硬麵包柔軟得多，所以也比較容易入口。除了乾麵包之外，罐頭裡還放了補充糖分的冰糖。

---

問三立製菓股份有限公司
☎053-453-3111(代表號)

焦香的芝麻風味。除了當成點心吃之外，也可以當成緊急備糧。

# 咖哩麵包漫畫

稍事休息一下

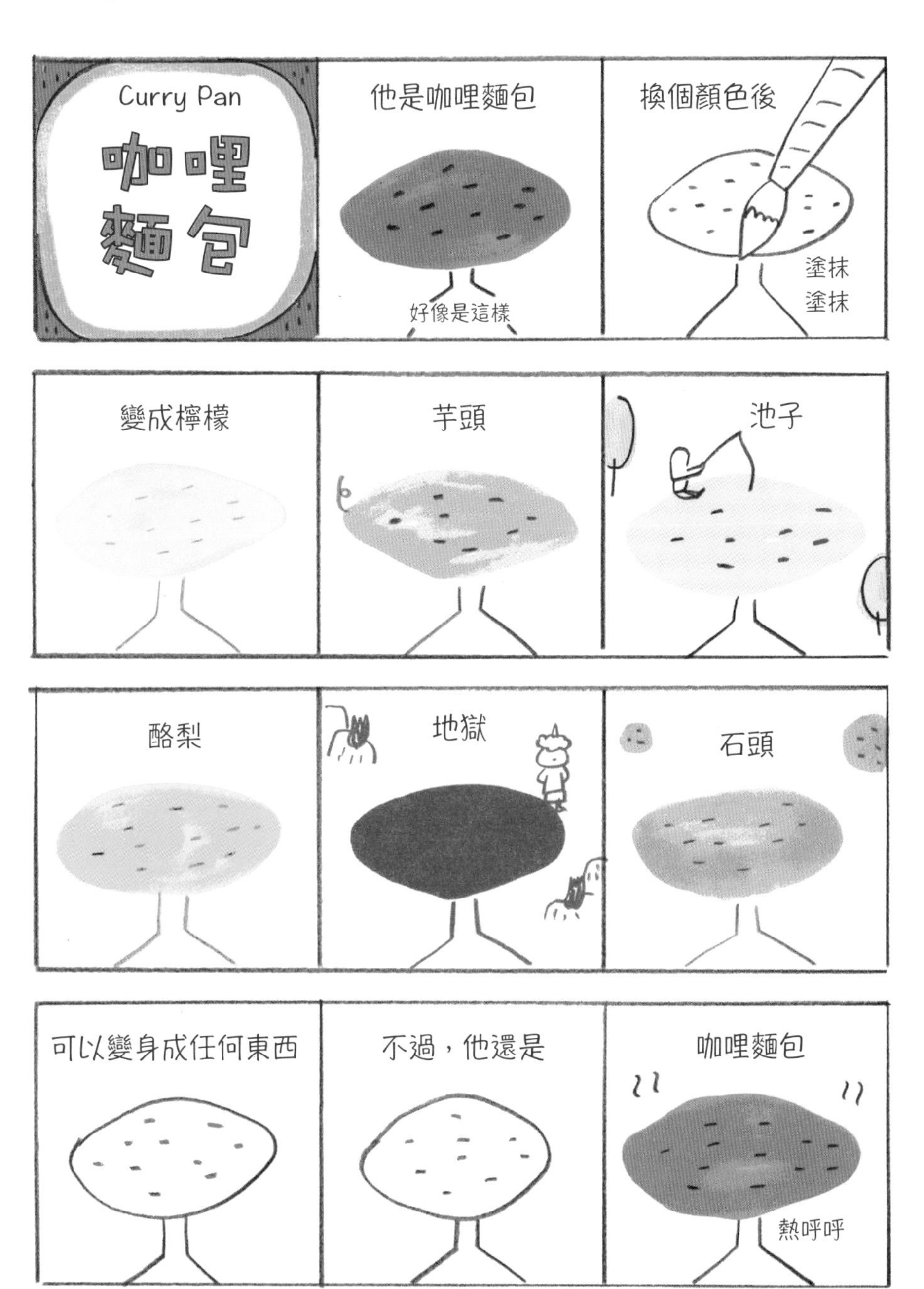
Curry Pan
咖哩麵包
他是咖哩麵包
好像是這樣
換個顏色後
塗抹
塗抹
變成檸檬
芋頭
池子
酪梨
地獄
石頭
可以變身成任何東西
不過，他還是
咖哩麵包
熱呼呼

## 季節 きせつ

麵包的消費量會隨著季節的更迭而改變。春天氣候宜人，適合外出野餐與旅行，所以麵包的消費量也就跟著上漲；而夏季炎熱，民眾比較想吃麵線這類清爽的食物，所以花在麵包的金額也就隨之下滑。隨著秋天的腳步接近，麵包的消費量又開始逐漸攀升，雜誌與電視的麵包特輯也開始增加；冬天的氣候十分寒冷，人們會想多吃一點熱呼呼的麵包，而這股消費的氣勢也會延續至春天。有些天然酵母的麵包店會選在夏季與冬季不開門營業，主要是因為這兩個季節的酵母品質非常難以管控所導致。

## 喫茶店 きっさてん

説到喫茶店就想到早晨豪華套餐，而早晨豪華套餐正是名古屋的名產之一。在早餐時間向店家點杯飲料，店家附贈吐司與水煮蛋可是名古屋一帶理所當然的舉動。可是最令人在意的是，到底什麼時候該吃餐盤裡的水煮蛋呢？我發現名古屋的人都是在吃完吐司後，才開始剝殼吃蛋。問了一下名古屋人才知道，原來他們之所以這麼吃，是因為「沒先把吐司吃完，就沒有位置丟蛋殼了」。

名古屋套餐
(咖啡、紅豆吐司、水煮蛋)

鋪上紅豆餡的小倉吐司與溶化的奶油交織而成的味道真是無可挑剔！我私自認為，水煮蛋真的有必要一起附上來嗎？

## 狐狸色 きつねいろ

這是常用來形容料理過程的詞彙。由於深褐色與狐狸的毛色相近，因此才以此命名。這種顏色也讓人聯想到美味，所以常用來形容咖哩麵包或俄羅斯麵包這類油炸麵包的顏色。

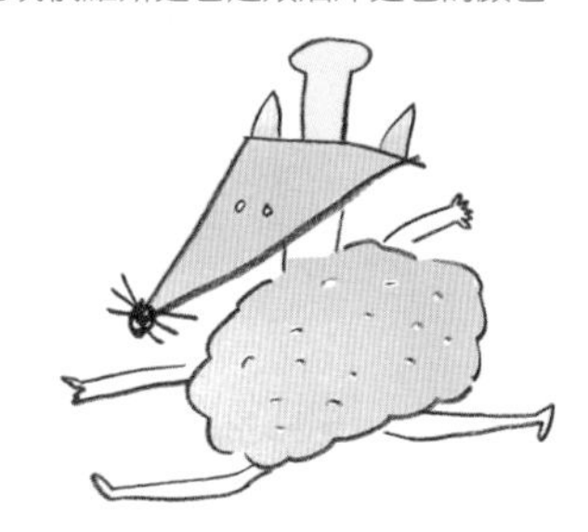

## 法式鹹派 キッシュ

這一種在麵包店常見的阿爾薩斯鄉土料理，只需要在鹹派的塔皮裡倒入由鮮奶油與雞蛋混拌而成的麵糊，再依個人喜好鋪上不同的蔬菜，然後放入烤箱烤個半小時就完成了。整個過程看起來很難，但其實可在家輕鬆製作。

## 黃豆粉麵包 きなこぱん

這是在學校營養午餐登場的油炸類麵包，由於外表裹了一層黃豆粉，所以被稱為黃豆粉麵包。最近使用黃豆粉製作的麵包越來越多，例如在吐司塗一層奶油與黃豆粉，或是將黃豆粉直接揉進麵糰裡，又或是做成巴西起司球(→P146)都屬於這類型的麵包。

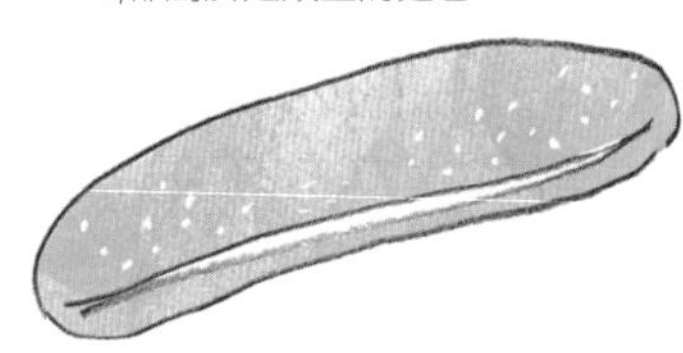

## 紀念日 きねんび

麵包的種類有幾種，紀念日的日子就有幾天。雖然是日常隨處可見的麵包，如果能了解藏在這些麵包背後的意義，那一定是一件很有趣的事情。趕快一起將這些紀念日寫進行事曆吧！

### 春天 Spring

**3月13日 三明治之日**
兩個「3」挾著一個「1」，所以被認為是三明治的日子。

**4月4日 紅豆麵包之日**
1875年，木村屋的老闆將紅豆麵包獻給明治天皇的日子。

**4月12日 麵包之日**
1842年，日本首次烘焙麵包的日子。

**5月8日 米飯麵包之日**
日文的米飯與「58」這兩個數字的發音相近，所以這天被當成米飯麵包之日。

### 夏天 Summer

**6月4日 蒸麵包之日**
日語的「蒸」與「64」這兩個數字的發音相近。

**7月20日 漢堡之日**
1971年，銀座三越一樓第一家麥當勞開幕之日。

**8月2日 內褲之日**
女性送內褲給男性的日子。

**8月5日 麵包粉之日**
取「麵包粉」的日語諧音，麵包為「8」，粉為「5」。

### 秋天 Autumn

**10月3日 德國麵包之日**
源自1990年，東西德統一之日。

**11月20日 披薩之日**
這天是義大利王妃「瑪格利特」的生日。據說當時廚師們為了向王妃獻上敬意而發明了「瑪格利特披薩」，所以這一天也被訂為披薩之日。

**每個月的10號 熱狗麵包之日**
1913年，被認為是熱狗麵包始祖的丸十製麵包第一次烘焙的日子，所以日後就將每個月的十號都訂為熱狗麵包之日。

### 冬天 Winter

**12月 德式聖誕麵包（史多倫）**
一邊期待著聖誕節的到來，一邊吃著切成片的聖誕麵包倒數。

**1月6日 國王派**
據說在主顯日吃國王餅的人抽到小瓷偶，將會擁有一整年的幸運。

**1月25日 厚煎鬆餅之日**
1920年，北海道測得日本觀測最低溫度的「−41℃」，所以希望民眾能在這天因為吃厚煎鬆餅而得到溫暖。

# 木村屋 きむらや

提到紅豆麵包，就不能忘記紅豆麵包的發源地——銀座的木村屋，但是走在路上，卻看到很多類似的木村屋招牌，例如「木村屋」、「木村家」、「KIMURAYA」……它們之間到底有什麼不同呢？

明治2年（西元1869年），木村屋的創辦人「木村安兵衛」先生在芝日陰町（現在的新橋站附近）創立了「文英堂」，可惜這家店因為當年一場大火而全數燒毀，於是木村先生隔年也就是明治3年，在尾張町（銀座五丁目附近）以「木村屋」為店名重新開業，而這間「木村屋」也就是目前「株式會社 木村屋總本店」的前身。

而「木村家」源自山岡鐵舟先生在銀座總店題字的「木村家」招牌。只要在木村屋學成出師的麵包師傅，都可以繼承題有「木村家」的暖簾（招牌），代表此店系出「木村屋一家」的意思。

明治35年，木村屋第三代老闆木村儀四郎先生和同門店家一同創立「木村屋世襲會」（之後更名為木村屋睦會），每年5月9日會舉辦祭祖典禮。雖然現在已廢止繼承招牌的制度，但系出同門的店面，據說最多高達有140家左右（現在約剩下30家）。

ⓘ銀座木村家 銀座本店
東京都中央區銀座4-5-7
☎03-3561-0091

大口咬

山岡鐵舟
幕末、明治前期的劍客、政治家。非常愛吃紅豆麵包。

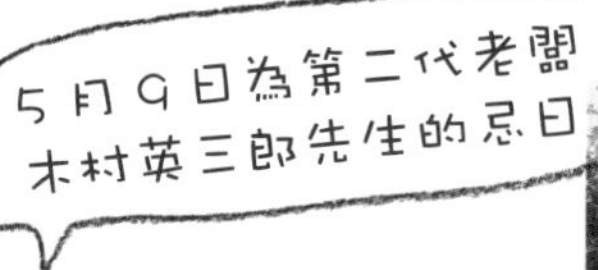


每年木村一族都會前往東禪寺舉辦祭祖儀式（可在一旁觀摩儀式），寺內設有甜點麵包始祖——木村安兵衛先生與其妻子的銅像。

ⓘ東禪寺
東京都台東區東淺草2-12-13
☎03-3873-4212

## 立方體麵包 きゅーぶぱん

這是一種外型為立方體的甜點麵包，裡頭常常包著紅豆餡或是卡士達醬。麵包的尺寸大概是一般掌心的大小。

## 營養午餐麵包 きゅうしょくぱん

這是小學、中學營養午餐常有的麵包。全國各地的營養午餐麵包都不一樣，但是在我的記憶裡，大概就是這樣的感覺。

## 牛奶 ぎゅうにゅう

①甜點麵包配牛奶是經典的組合。以牛奶代替清水製作的麵包被稱為「牛奶麵包」。（pain au lait，其中的lait是法語「牛奶」的意思。）

②京都有位舉辦牛奶試飲活動的「牛奶王子」。這位年輕的王子提到「好喝的牛奶一定是清爽香甜的，而甜味就是牛奶的特徵」。王子每次都選擇包裝設計優美的牛奶盒或牛奶瓶，所以常會引起民眾們的注意。

# 夢想中的京都

## 京都 きょうと

好吃的麵包店非常密集的地區——京都。住在京都的6年裡，我每天都一心一意地尋找好吃的麵包。

於是…

我在心裡
立下小小的願望

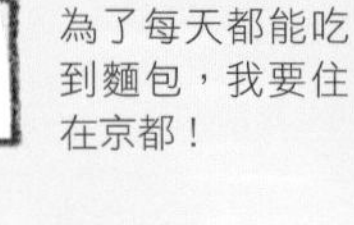


之所以選擇京都，
是因為有許多心目中的名店都在京都

這個決定不能不向父母秉告

實錄

京都人就是這樣子的人!!

① 聊天的時候，常常被問到「笑點是」？對方耍寶的時候如果不吐槽回去，可是會被罵的。京都人雖然氣質出眾，但終究還是關西人啊！

② 結帳的時候，客人（不管男女老幼）都會說「非常感謝」！這種了不起的習慣真是令人佩服。

感謝你—

小孩子

③ 住在左京區的人多半是遲到大王。

* 其實京都曾是麵包消費量數一數二的都市。

## 切法 きりかた

剛烤好的麵包不太方便切，建議稍微放涼後，再拿鋸刀來切。如果手邊沒有鋸刀，可以用火烤一烤菜刀，只要加熱刀身就能順利切開。麵包組織的氣孔是向上延伸的，垂直方向或是水平方向切開麵包也會影響麵包的口感。

・垂直切開…氣孔是向上伸延，所以口感較不明顯，但是筋性較強。
・水平切開…每片麵包的氣孔較多，口感較為明顯。

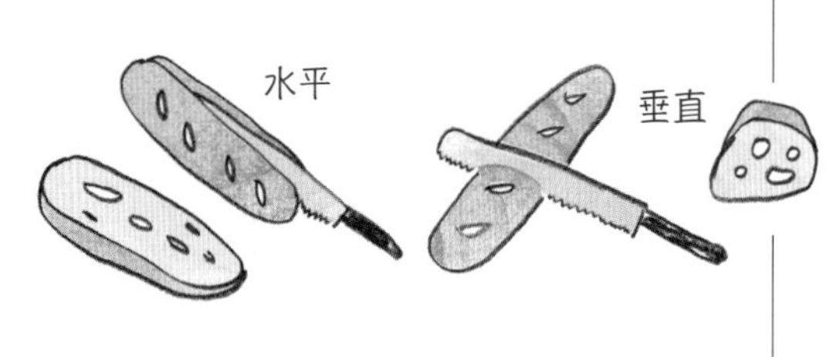


## 希臘神話 ぎりしあしんわ

①希臘神話有一位牧羊與掌管音樂的神明，名字叫做「潘（PAN）」，祂是一位手裡拿著以蘆葦做成排笛的神明，擁有十分開朗的個性。
②希臘神話裡第一個女性人類的名字是「潘朵拉」。潘朵拉打開了天神宙斯再三告誡不可打開的盒子，結果所有的「惡」都湧進了人類的世界裡，幸好潘朵拉匆忙地關上了蓋子，將「希望」留在盒子裡。

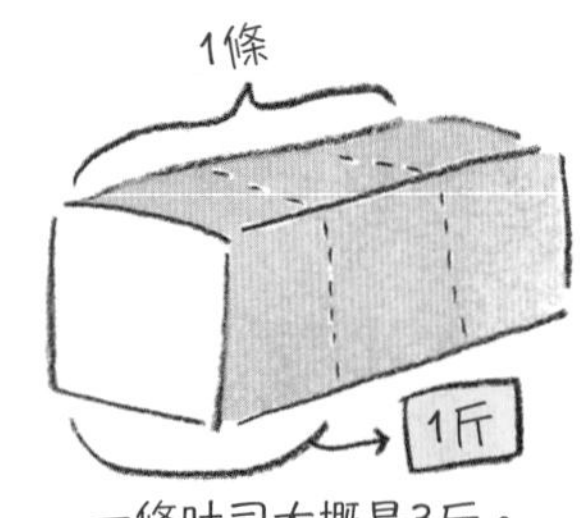


## 斤 きん

一條吐司大概是3斤。

吐司的計算單位。1斤=340公克。

## 國王麵包 きんぐぱん

在北九州市的門司一帶，沒有人不知道這款超受歡迎的麵包。外型雖然與菠蘿麵包相似，但是製作的材料卻完全不同。第一步是先將餅乾的麵糰放在發酵箱裡發酵，等到發酵完成後再送進烤箱烘焙（菠蘿麵包是以常溫發酵的方式製作）。這款麵包最大的特徵就是會在表面鋪一些增添脆脆口感的杏仁片，據說門司的「Bakery Young」是這款麵包的創始店。

## 銀色巧克力麵包 ぎんちょこ

這是一種將白醬包在熱狗麵包裡，再將巧克力醬淋在上面的甜點麵包。由於通常包在銀色的鋁箔紙裡，所以才被稱為「銀色巧克力麵包」。據說福岡的「DOMBAL堂」就是這款麵包的發源店，擁有讓人莫名想吃的乾燥濃厚滋味。

這裡的巧克力用便宜的就好喔！

好的

＊現代「潘朵拉的盒子」隱含著「不可揭開」、「不可碰觸，否則會帶來災害」的意思。

## 快速麵包 クイックブレッド

這是利用泡打粉取代酵母粉發酵的麵包。只要將麵粉、泡打粉、砂糖、鹽、清水倒入盆子裡，均勻攪拌之後就放入烤箱烘焙的超簡單麵包，想吃的時候可以立刻準備所有材料。蘇打麵包[→P92]也是其中一種快速麵包。

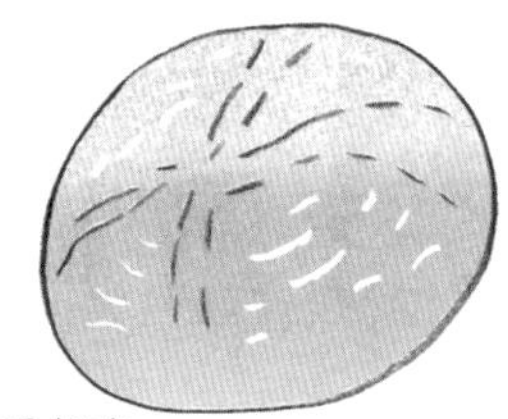


## 咕咕霍夫蛋糕 クグロフ

在利用酵母發酵的布里歐麵糰裡，摻入葡萄乾烘焙而成的甜點。咕咕霍夫屬於法國阿爾薩斯地區的傳統蛋糕，但是麵包店也能買得到。據說瑪莉安東尼王后[→P151]也很愛吃這款點心。

## 劃線 クープ

將法國麵包放進烤箱烘焙之前，要先在表面劃出幾道刀口的步驟。可使用劃線刀來幫忙。

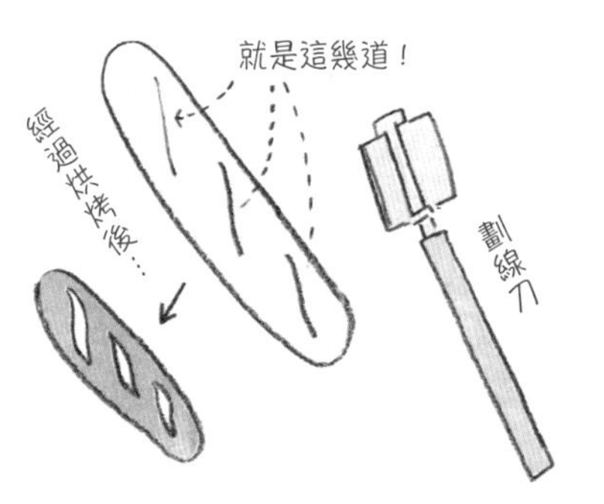


## 麵包鞋 くつ

這是以立陶宛共和國首都維爾紐斯為活動據點，藝術團體「MOTHER ELEGANZA」所設計的麵包鞋（BREAD SHOES）。因為是真的利用麵包製作的鞋子，所以數量非常的少，屬於限量生產的作品。一切就像是美術彫刻品一樣，純手工製作。

*不能真的穿在腳上。

---

ⓘMOTHER ELEGANZA
http://mothereleganza.com
photo = DADADA studio

## 法國麵包 クッペ

這種麵包的外型很像一顆橄欖球，最大的特徵是在麵包中央劃上一道刀口。可與棍子麵包一起搭配著吃，是一款能嚐得到膨鬆麵包屑的法國麵包。

## 脆麵包 クネッケブロート

瑞典達拉納（Dalarna）地區常吃的裸麥平烤麵包，名字含有「酥脆麵包」的意思。鋪上起司或是鮭魚之後，就可以當成點心或是下酒菜來吃。

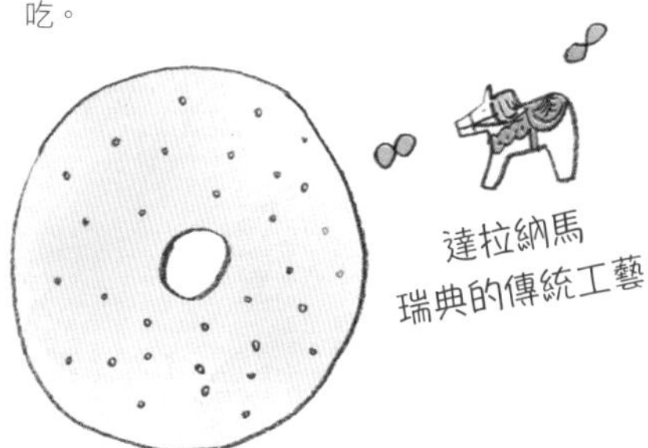

## 熊田麵包 くまたぱん

在福島縣民之間口耳相傳的知名甜饅頭。這是一種在黑糖水與麵粉和成的麵糰裡包入紅豆泥，然後在外層撒上砂糖的甜點，也有人將這種點心稱為「草履麵包」。在福島一帶，蒸熟的甜點被分類為「甜饅頭」，而烤熱的甜點則被歸類為「麵包」，所以這個點心的名字才會被加上「麵包」兩字。這款麵包曾經得到全國甜點博覽會榮譽金獎。

㊞熊田麵包本舖
☎0248-73-2941

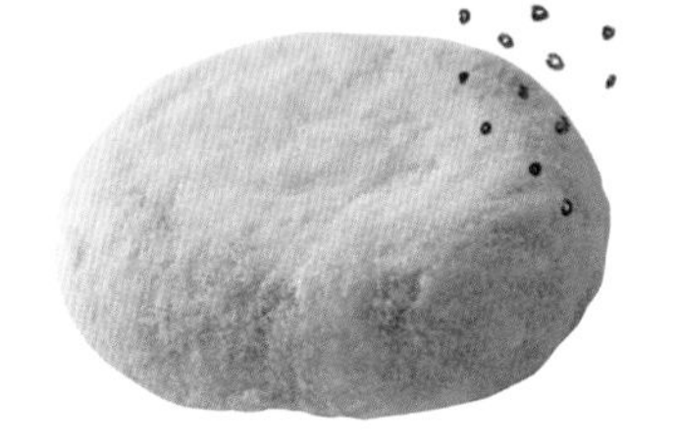

## 麵包皮 クラスト

麵包的表皮。㊡麵包內裡

## 巧達湯麵包 ぐらたんぱん

將圓滾滾的法國麵包挖空，再將巧達湯倒進去，並在上面鋪一層起士，然後放入烤箱烘焙的麵包。一般家庭的做法是將前一天吃剩的燉菜倒入麵包裡。可隨個人當天的心情將麵包換成吐司、奶香包或是其他麵包。如果將麵包切碎，再與巧達湯一起送入烤箱烘烤的食物又稱為「麵包巧達湯」。

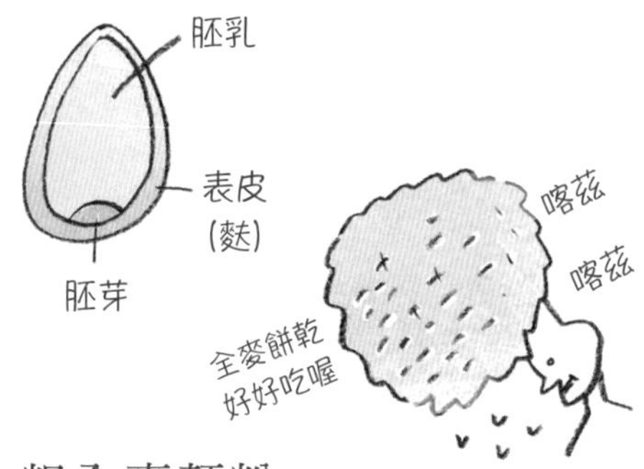


## 粗全麥麵粉 ぐらはむこ

胚乳採用與一般麵粉相同的方式碾磨，表皮與胚芽則是以粗磨的方式處理，最後將經過處理的胚乳、表皮與胚芽混拌就是粗全麥麵粉了。粗全麥麵粉擁有豐富的膳食纖維與礦物質，對健康很好。雖然粗全麥麵粉與常聽到的全麥麵粉非常類似，但製作的方式卻不太一樣。

## 麵包內裡 クラム

麵包中間柔軟的部分。

㊡麵包皮

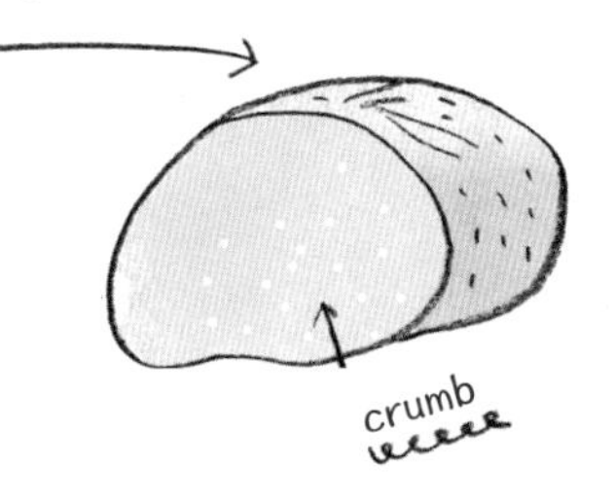


## 奶油麵包 くりーむぱん

1904年，「新宿中村屋」的創業者——相馬愛藏先生，在第一次吃到泡芙之後非常感動，隨即將相同的概念應用於麵包，就製作出這款奶油麵包了。據説剛推出時是柏餅形狀，但是為了避免麵包在發酵過程中產生氣孔，所以特地在外表劃了幾道缺口。也有人認為相馬先生是因為棒球從美國傳入後，非常受到日本人歡迎，進而從手套的形狀聯想到這款麵包的外型。

## 奶油盒
くりーむぼっくす

這是只在福島縣郡山市周邊銷售的甜點麵包，主要會在小片的厚片吐司塗上一層厚厚的煉乳。除了麵包店之外，便利商店或是學校的福利社都會銷售這款麵包，在郡山市民心目中也是一款具有經典地位的甜點麵包。

## 聖誕節 くりすます

每當接近聖誕節時期，蛋糕店或是麵包店就開始忙得團團轉。麵包店的展示櫃通常會陳列許多精美的麵包，為地方染上聖誕節的氣氛。歐洲地區會為了聖誕節而訂製特別的麵包或甜點，例如德國的「史多倫」[→P87]、義大利的「潘娜朵妮」[→P121]、奧地利的「咕咕霍夫蛋糕」[→P65]都屬於聖誕節的應景麵包。被認為是聖誕老人原型的聖•尼古拉斯，同時也是瑞士麵包師傅們的守護神，所以每到聖誕節，孩子們都能收到麵包人偶這個禮物。

## 義大利麵包棒
グリッシーニ

義大利餐廳必有的經典麵包，外型就像是一條細長的煙火棒。也可以捲著生火腿一起吃。

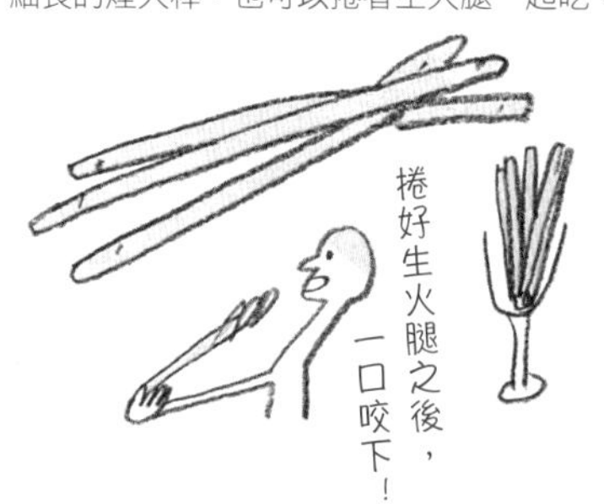


## 麥麩 グルテン

麵粉的蛋白質有兩種，一種是麥穀蛋白（glutenin），一種是麥膠蛋白（gliadin），這兩種蛋白質加水揉拌之後，就會形成麥麩這種如橡膠一般的組織。做麵包的時候，可是少不了麥麩這種組織，它可以讓麵包在膨脹時，變得像是口香糖一樣。

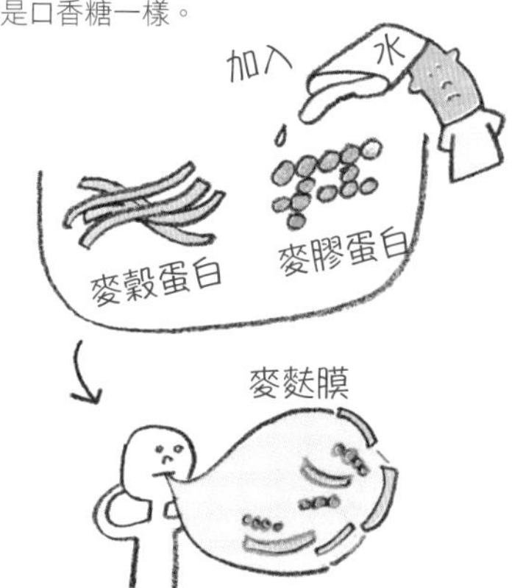


## 麵包丁 クルトン

將變硬的麵包切成小顆骰子的形狀，再拿去烘焙或油炸的食物。可以當成玉米濃湯的湯料，或是生菜沙拉的裝飾品使用。

## 核桃麵包 くるみぱん

以酥脆核桃的香氣為賣點的麵包。這款麵包的最大特徵就是因為核桃的薄膜而變成淡紫色的麵包內裡。記得有次買了「東風」[→P73、161]的核桃麵包，那滲入身體的美味實在令我難以忘懷。每家店的核桃麵包都有各自的形狀與大小。

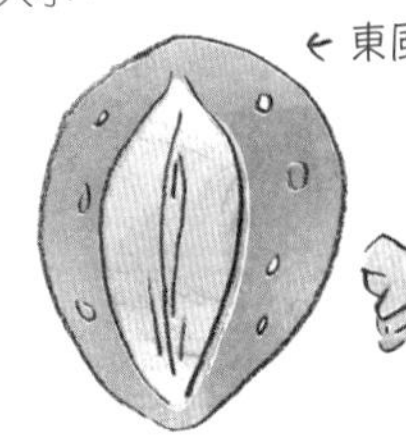

## 可麗餅 クレープ

可麗餅來自法國波爾多地區，是一種烤成薄片的鬆餅。法文原意隱含著「如絹絲一般滑細」的意思。日本人一提到可麗餅，大概就會想到原宿竹下通那長如人龍的排隊隊伍。

## 庫克太太 クロックマダム

將火腿與起司挾入吐司裡稍微烤一下，然後再在吐司上面放一顆太陽蛋的法國傳統料理。

## 法式三明治
クロックムッシュ

將火腿與起司片挾在吐司裡，再放入烤箱稍微烤一下，最後塗上一層白醬就完成了。

庫克太太

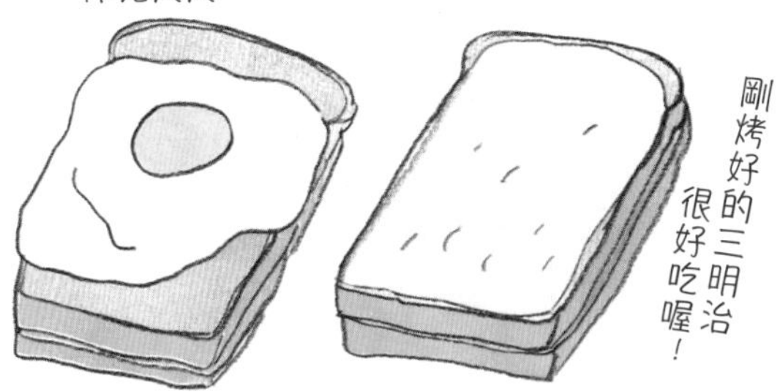


## 黑裸麥吐司 くろぱん

俄羅斯與德國常見的裸麥麵包，統稱為黑裸麥吐司，通常是非常紮實的口感。
㊵白吐司

## 可頌 クロワッサン

可頌（Croissant）是法語「上弦月」的意思。這款麵包最早起源於奧地利，據說在17世紀後期，土耳其軍隊準備挖掘地下通道來入侵奧地利，結果被早起的麵包師傅發現，奧地利的軍隊才得以擊退土耳其軍隊。麵包師傅們為了紀念這次的勝利，特地以土耳其的上弦月國旗為概念製作了可頌麵包。隨著瑪麗皇后從奧地利遠嫁法國[→P151]，可頌麵包也跟著傳至法國了。

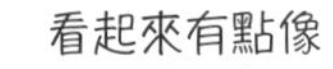


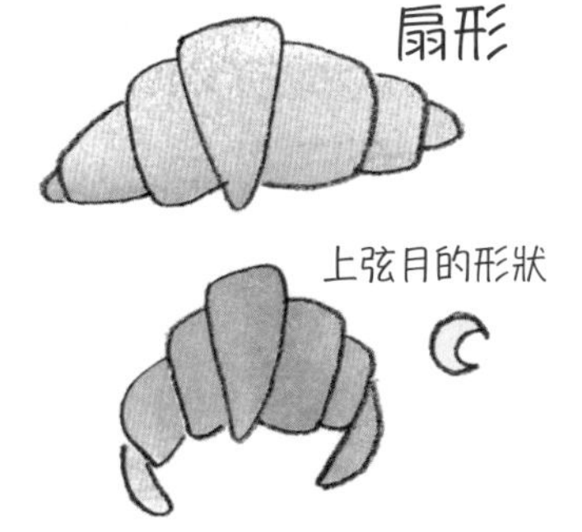


## 濃縮奶油 クロテッドクリーム

以高脂牛奶製作的奶油，其乳脂成分高達60～70%。吃司康的時候，常常會附在一旁當抹醬，讓司康原本略為乾鬆的口感變得更溼潤一點。

## 藝術 げいじゅつ

上圖是美術家益永梢子小姐「Abstract Butter」展的作品，主要記錄了益永小姐一年365天早餐的吐司。益永小姐每天早上都利用果醬或抹醬在吐司上作畫，畫完之後就將吐司吃進肚子。光是看著這些色彩繽紛的吐司，就不禁讓人覺得藝術是沒有極限的。

ⓘ益永梢子

1980年生於大阪，2000年成安造形短期大學畢業。2006年開始以東京為活動範圍，目前也以東京為居住地。2012年於「Arts-challenge」展覽獲獎，曾舉辦個人展覽「Abstract butter」（Nidi gallery）。

http://shokomasunaga.tumblr.com/

## 京阪神 けいはんしん

觀察日本全國的麵包消費金額之後……

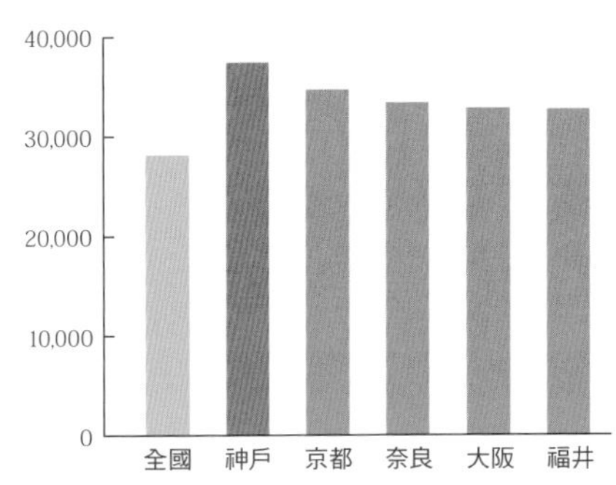


出處：總務省「家計調查」平成 22 ～ 24 年平均

在第一名的神戶一帶，一年居然會吃掉250個150日圓的麵包！

從圖表裡的調查結果得知，近畿地方，尤其是京阪神一帶的麵包消費金額特別高。理由之一，是因為神戶自古以來就與外國交流頻繁，所以麵包飲食文化也就此於神戶紮根。而麵包師傅雲集的京都，更是喜歡能在工作空檔隨手拿來吃的麵包。如此說來，說不定有人會突然發現住家附近有很多間麵包店，而且每天早餐也都是麵包吧？隨便翻閱雜誌的麵包特輯都會發現，大部分介紹的都是京阪神一帶的麵包店。

京都或奈良除了麵包之外還有很多寺廟，大阪與神戶也有很多值得參觀的雜貨店與美術館。對當地人來說，這些麵包都是生活必需品，而對觀光客來說，京阪神這一帶不僅是麵包聖地，也是街景迷人的地區。

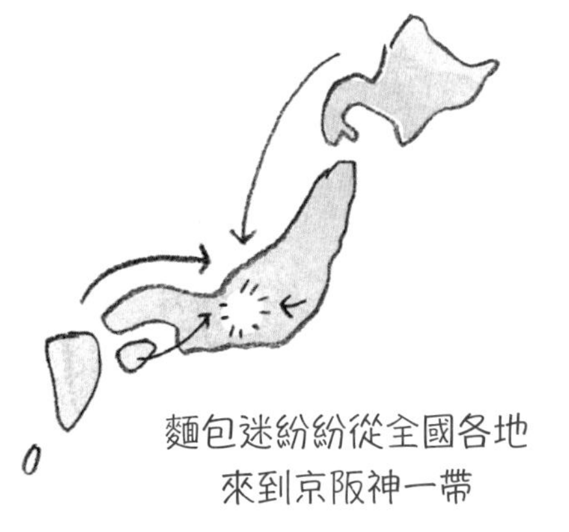

## 橡皮擦 けしごむ

利用木炭畫素描的時候，有時會將吐司當成橡皮擦使用，而這種麵包就稱為「橡皮擦麵包」。前往畫家林哲夫先生的工作坊拜訪時，發現室內裝飾了一堆超漂亮的麵包畫，真是令人興奮不已。

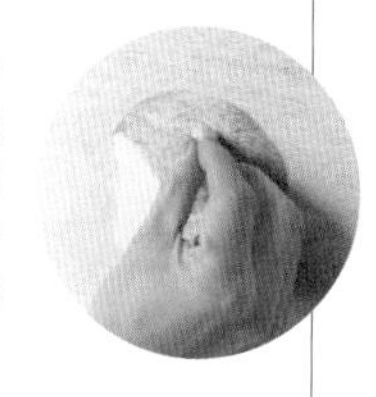

## 健康麵包 けんこうパン

2012年新年去沖繩旅行時，聽到沖繩的麵包店越來越多，讓我心裡一陣歡喜，可惜的是新年期間，麵包店全數休息。當時唯一吃得到的麵包就是超市銷售的這款「健康麵包」了，而這款麵包的包裝也讓我不由自主地愛上它。「健康麵包」起源於戰後糧食短缺的時代，當時營養價值較高的食物只有麵包，而為了促進飲食生活的進步，才特別將這款麵包如此命名。這款麵包已銷售60年之久，加上兩邊的吐司邊，一包總共有16片。

問(株) KUCHIKEN
0120-113-564

## 民宿 ゲストハウス

古羅馬時代的詩人「尤維納利斯（Decimus Junius Juvenalis）」曾以一句「麵包與馬戲團」比喻羅馬帝國的眾生相，形容的是從上位者手中得到免費麵包（＝食糧），以及馬戲團（＝娛樂）的市民們，已失去了做出正確判斷的能力。

隨著時代改變，京都也有一處「麵包與馬戲團」的民宿。我向老闆問了這間民宿的由來，Kojima先生的回答是「在此可以品嚐白飯（＝麵包），也能享受馬戲團與寺子屋一般的樂趣。這裡是一處充滿歡樂的地方」。這個原本充滿負面意義的詞彙在民宿經理的反向解釋後，讓這裡變成一處收納來自四面八方的客人，每個人可以一邊享受餐點，一邊透過對話認識彼此的地方。這座旅館每天都在進化，隨時都散發著不可思議的氛圍。

ⓘ麵包與馬戲團
2016年6月已歇業

屋齡100年的當舖經過重新裝潢後，於2011年開幕的民宿，是一處內裝與家具都非常講究的完美空間。這間民宿由原本住在紐約的古董家具商、「Moon Palace」旅館的經營者榎本大輔先生，以及京都吳服老店的老闆山田晉也先生共同經營。一樓是酒吧，常常會舉辦活動與展覽，因此一般客人也可以前往參觀。

## 高含水麵包 こうかすいぱん

減少酵母的使用量，並利用大量的水軟化麵糰後，將麵糰放在窯中，讓氣泡膜垂直延展的麵包製法。這種麵包的口感相當Q彈，麵包內裡也非常有光澤。以柔道來比喻的話，有點像是攻擊時不只有蠻力，還懂得利用對手（麵糰）的力量來攻擊的感覺。

## 硬水 こうすい

鈣與鎂含量較多的水稱為硬水，歐洲許多地區的水質皆是如此。日本的麵包幾乎都是由容易形成麩質的軟水所製成，唯獨法國麵包，有些麵包店堅持以硬水來製作。據說麵包的味道會因為水質而完全改變，水的力量還真是驚人。甜點料理研究家山本百合子老師也曾經提過水的奧祕，詳情請見93頁。

## 紅茶 こうちゃ

這是讓茶葉發酵之後產生的茶飲。不過發酵過程不像麵包是利用微生物催化，而是利用茶葉本身含有的氧化酵素。我個人認為，與三明治最對味的就是紅茶了。

## 咖啡 コーヒー

光是看到麵包與咖啡的組合就夠讓人興奮的了。在表參道看到店名為「Bread-Espresso」的麵包店，讓我整顆心都雀躍了起來。咖啡不僅與肉桂捲很對味，跟可頌、紅豆麵包也很搭，甚至與紅豆奶油銅鑼燒更是絕配！甜味濃郁的麵包搭配一杯黑咖啡是我的最愛。

- 綜合咖啡 → 多種咖啡豆混合而成的咖啡。
- 美式咖啡 → 淺焙的濾滴式咖啡。較淡。
- 濃縮咖啡 → 濃郁、用小杯盛裝，一口飲盡的咖啡。
- 咖啡歐蕾 → 在黑咖啡加入牛奶的咖啡。
- 拿鐵咖啡 → 在濃縮咖啡加牛奶的咖啡。

- 卡布奇諾 → 在拿鐵咖啡表面鋪一層奶泡的咖啡。

## 咖啡捲 こーひーろーる

在甜麵糰裡捲入咖啡豆的粉末再放入烤箱烘烤，烤完後，在麵包表面淋上咖啡糖霜的麵包，外表看起來與肉桂捲非常相似。在熱狗麵包裡挾入咖啡奶油的麵包稱為「咖啡麵包」，從以前到現在，許多麵包店都會銷售這款麵包。

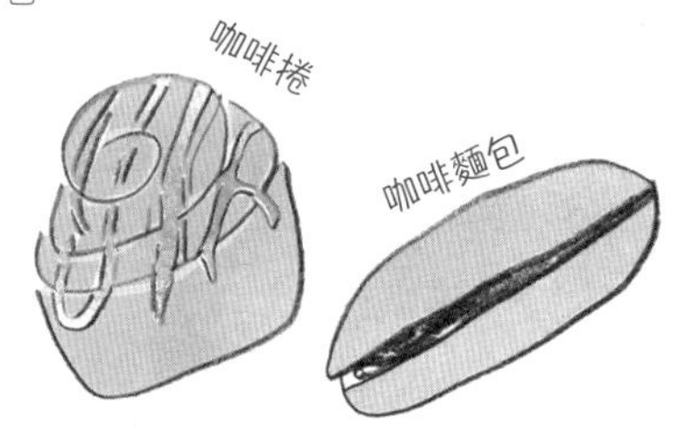


## 玉米麵包 こーんぱん

這是將玉米揉入法國麵糰的圓形麵包，也因為是DONQ[→P105]開發出來的招牌商品而有名。微甜的玉米會在嘴裡輕輕爆開，麵包的味道雖然單純，卻會讓人欲罷不能。圓滾滾的小巧體形，似乎兩口就能吃得一乾二淨。將美乃滋與玉米拌好後鋪在上方也非常受到歡迎。

## 美式玉米麵包 コーンブレッド

這是在玉米粉（corn grits）加入麵粉、泡打粉、牛奶再烤的麵包，算是美國日常生活裡常吃的麵包之一。

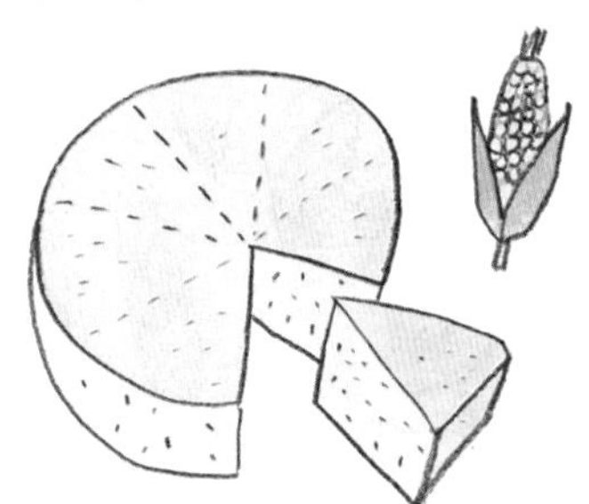

## 東風 こち

這是一家位於京都市左京區的麵包店。店長森訓子小姐從麵包的製作到銷售全都是一人獨力完成，麵包的味道非常的美妙。其人品也成了麵包的精華，全國各地都有粉絲特別來造訪這間店，而且這也是改變我的人生的麵包店。其理由已經在前面說過了，如果想知道得更詳細一點，請大家參考P.161。

## 熱狗麵包 こっぺぱん

這是學校營養午餐的經典麵包，名稱來自法文的「coupe」[→P65]。在麵包正中央劃出一條缺口，挾入喜歡的食材之後就能大快朵頤了。也有些地區一提到熱狗麵包就是指「菠蘿麵包」。

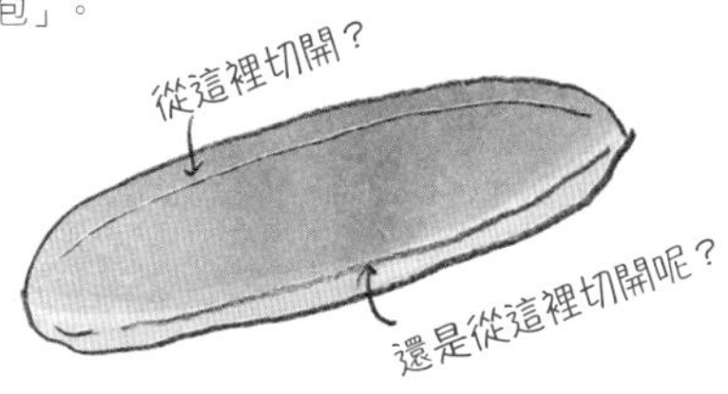


## 在地麵包 ごとうちぱん

指的是在當地才能嚐得到的在地麵包，例如札幌市的竹輪麵包[→P98]、富山縣的翡翠麵包[→P131]、滋賀縣的沙拉麵包[→P100【鶴屋麵包】]都屬於在地麵包。不過許多在地人雖然從小就吃著這些麵包，卻不知道口中的麵包是當地才有的麵包，有時要等到搬到其他縣市之後，才驚覺「什麼？沒有這種麵包」。有些麵包店會提供網購服務。

## 諺語 ことわざ

請參考P172-P179
附錄〔有麵包的
餐桌〕

## GOPAN ごぱん

這是可利用白米取代麵粉的家庭式麵包機「GOPAN」。有許多在地麵包都是利用當地才有的白米製作的。

---

ⓘPanasonic 客服中心
☏0120-878-365

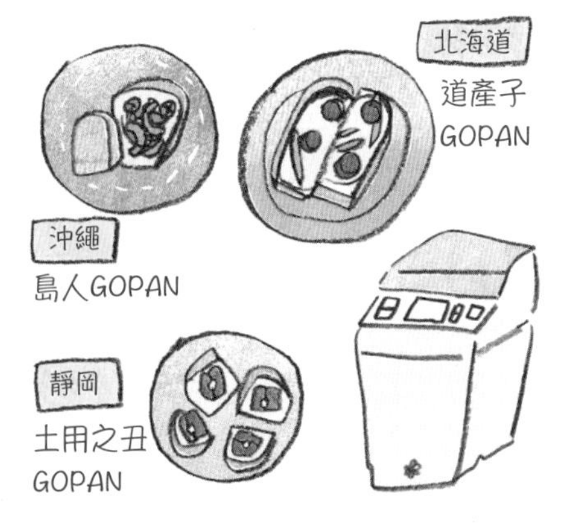


## 芝麻麵包 ごまぱん

這是加了芝麻的麵包，味道非常地芳香可口，常見的是摻了黑芝麻的圓型麵包。如果作成吐司的外型，麵包內裡的顏色可能變得更黑，也可以當成三明治來使用，與萵苣或火腿都非常對味。我個人喜歡的是挾了咖哩口味的雞肉。

## 麵粉 こむぎこ

麵粉絕對是製作麵包的關鍵，而麵粉是由小麥碾製而成，內含碳水化合物、蛋白質與水分，而麵粉的名稱與用途也會因為蛋白質的多寡而不同。當蛋白質與水揉合，就會形成麥麩[→P67]，而麥麩的含量越高，筋性也越強，也就越適合用來製作麵包。

協力　大陽製粉(株)
　　　福岡市中央區那之津4-2-22
　　　☎092-713-1771

---

### 高筋麵粉

---

蛋白質含量…12%左右
用途…吐司、甜點麵包
製作麵包時常使用的麵粉，可以做出口感蓬鬆的麵包。

---

### 中高筋麵粉

---

蛋白質含量…11%左右
用途…法國麵包、油麵
比起重視蓬鬆口感與分量的麵包而言，這種麵粉較常用於製作重視原始風味的麵包。

中筋麵粉

蛋白質含量…9%左右
用途…烏龍麵
可以做出有嚼勁的烏龍麵，有時也會用來製作麵包。

低筋麵粉

蛋白質含量…8%左右
用途…甜點、天婦羅
做不出蓬鬆的感覺，所以不適合用來製作麵包，但卻很適合用來製作甜點。

## 米麵包 こめこぱん

這是利用米粉取代麵粉製作的麵包。GOPAN這台麵包機使用的是「白米」，但是米麵包卻是使用「將白米磨成粉狀的米粉」來製作麵包。由於材料是白米，所以這種麵包的口感比較Q彈。近年來，有些學校的營養午餐也會加入這款麵包。

## 可樂餅麵包 ころっけぱん

這是將可樂餅以及高麗菜絲挾在熱狗麵包裡的麵包。稍微將麵包扭一下壓扁，然後三口吃完是最理想的吃法。這款麵包的口味比豬排三明治清淡，最適合當成恢復元氣的甜點來吃。另外也有人在裡頭挾漢堡肉。

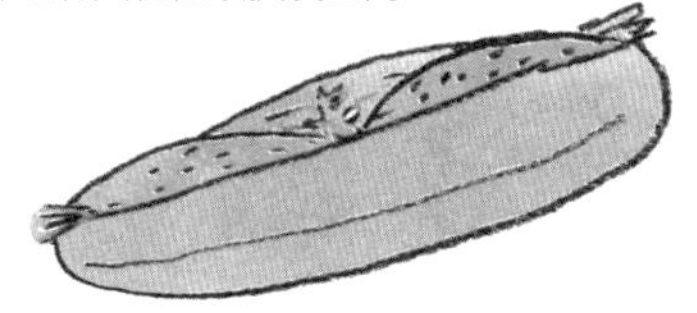

## 奶油捲麵包 ころね

據說這款麵包的名稱源自法語的「角（corne）」，或是英文的「小號（Cornet）」這類管樂器。將麵糰纏繞在圓錐型的奶油捲模型上，再送入烤箱烘烤即可。這個纏繞的動作看似簡單，但其實非常困難。另外還有從濱松發源的甜點「冰淇淋奶油捲」，其做法是在油炸的奶油捲麵包上放一球冰淇淋。

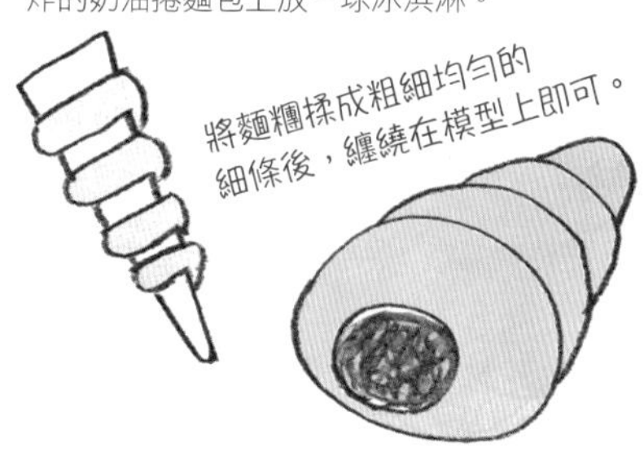

## 鴿子麵包 コロンバ

這是在復活節才會吃的發酵甜點。由於外型長得像鴿子，所以才被以義大利語的「鴿子（colombo）」而命名。主要是利用加了橘子皮的托尼甜麵糰所製作。

## 超商麵包 こんびにぱん

在超商銷售的麵包。每一家超商都會推出自選麵包，所以即便每天去買，也不一定能知道今天賣的是哪一款麵包，但也因為如此，總是讓人期待不已。看著高中生買了一堆甜麵包與鹹麵包的模樣，真是令人開心啊！

## 導覽人員 コンパニオン

在展場或是精品秀負責導覽的女性。這個單字的語源為拉丁語的「一起（com）」與「麵包（panis），其意思是「一起吃麵包的人」，代表公司的單字「company」也是從這個語源而來。

## 果醬 コンフィチュール

法語的「果醬」（Confiture）[→P86]。

忍不住伸手
一拿的果醬

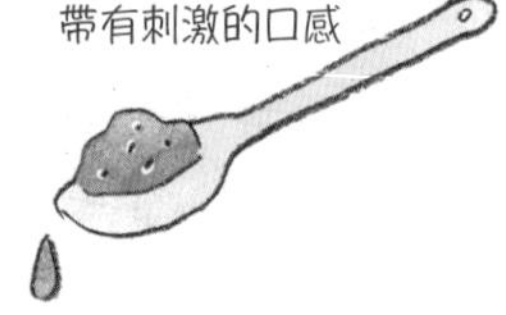

〔專欄〕麵包×書

# 有點詭異又有點高雅的麵包書

山下賢二

還記得我在京都開書店的時候，某一天，有位邊帶著搞怪笑容、邊在店裡徘徊的女孩來到店裡，她選了幾本充滿童心的書籍到櫃台結帳後，跑來找我聊天。由於對方一直嘻嘻地笑著，我也只好一直陪笑，最後我才知道原來她想要將自己製作的《麵包與洋蔥》的小冊子擺在店裡。

這是一本封面寫著創刊號的免費小書，但是版面的編排卻讓人無法忽視，內容寫滿了對麵包的愛，也寫了許多麵包店的採訪故事。這位女孩寫的不是一廂情願的內容，而是將這本小書當成一個媒介，一個發送資訊的媒體，而精心設計的內容與插畫也綻放著小小的光芒。

之後，每一期都順利出刊，其中有幾期我自己隨便取了名字，比較有印象的是有一期的形狀長得像是法國麵包，然後放在麵包紙袋裡出版（那期的名字是麵包的書），也有一期是將紙張揉成一團，然後在上面繫上繩子，接著像是放入棍子麵包一樣，擺在麵包板上（麻煩號），還有一期的封面是她小時候與哥哥一起把自己的鼻子弄成豬鼻子的照片（靈感用光號）。

她那宛如惡作劇塗鴉的靈感一下子就遍地開花，在那之後，她就開始自製麵包書，而不只是免費刊物。過程中我也曾借她書，也介紹過自己愛吃的麵包，就連店裡的員工與寵物龜，也全被她那搞怪的想法好好地料理了一番。

之後不知道過了幾年，她準備離開京都了，因此我們為她開了一個小小的歡送會。那次的歡送會我遲到了很久，但那個女孩還是一臉傻氣的表情在會場裡走動著。我告訴她，即便去了別的地方，還是請把小冊子寄給我，但她也只是淺淺地笑了笑，然後握了握我的手。看到她那翩翩然的表情之後，我稍微整理了一下心情，鄭重地對她說：「今後也請多多指教！」向她致上了我最高的敬意。

山下賢二
編輯企劃團隊「HoHoHo座」的負責人，著有《我開辦咖啡店的那天》（小學館）等書籍。在京都市左京區默默地經營「HoHoHo座」商店，也是原「崖書房」的老闆。http://hohohoza.com/

模特兒｜林哲夫、前川YUNA

# さ行

## 酒 さけ

啤酒、日本酒、燒酒、葡萄酒都是含有酒精成分的飲料，大部分都與麵包一樣經過「發酵」這個製程。例如葡萄酒就是先從葡萄搾出葡萄汁，當浮遊在空氣中的酵母（微生物）進入葡萄汁之後，葡萄的糖分會分解出碳酸氣體與酒精（酒精發酵）。這個過程與製作麵包非常類似，但是即便採用相同的方式製作，成品的味道還是會因製作環境與製作者產生極大的差異，而這也正是釀酒的有趣之處。我覺得做麵包與製酒非常類似，總覺得有一份親切感存在。

## 盤子 さら

山型吐司變成盤子了！雖然外型相同，但是不同的作家會展現出不同的藝術感，就像是每家麵包店都有自己的味道一樣，每種盤子的個性也都不一樣。

在吐司上疊上吐司

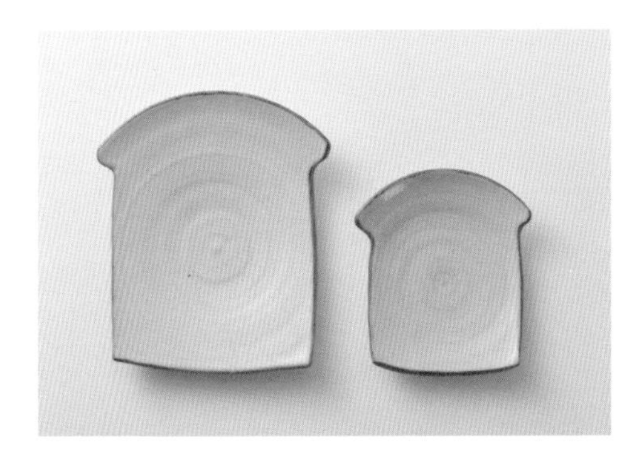

這是福岡的陶藝家KUBOTOMOKO小姐製作的「麵包盤」。盤子在放上吐司之後會整個被遮住，大小大概可以放入兩個圓麵包。這個盤子分成大小兩種，小的可以用來放果醬。

ⓘKONGARI舍
https://kongarisha.com

左圖是上原連先生、梨惠小姐這對夫婦共同經營的酒器工房（位於京都）。由今宵堂先生製作的盤子，名字為「盤子bread」，是在以馬為主題的展示會上製作的作品。在「想要過一段甜蜜的時光，就配上餡料與奶油一起吃」的這段訊息裡，包含了向盛岡福田麵包[→P138]的敬意。

ⓘ酒器 今宵堂
http://www.koyoido.com

## 沙拉 さらだ

在咖啡廳的招牌早餐點吐司，通常會另外附上沙拉，而這份沙拉包含高麗菜絲、切成梳子狀的蕃茄、小黃瓜，淋醬則是蕃茄奶油醬。「像這樣歷久不衰的組合還真是少見啊」！我一邊如此讚嘆，一邊大口大口地吃著這份沙拉。同時我也想著，我可能這輩子都不會自己製作這種沙拉。

有些會放馬鈴薯泥喔。

## 鹽餅乾棒

ザルツシュタンゲン

這是奧地利最具代表性的餐桌麵包。salz的意思是「鹽」、stangen的意思是「棒子」。表面有一顆顆的岩鹽是這種麵包最大的特徵。

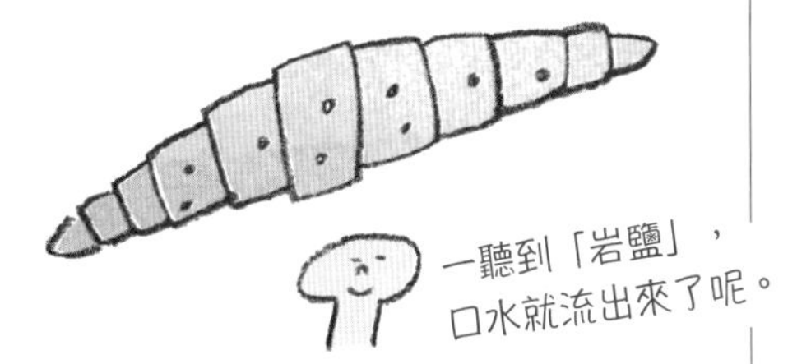


## 酸奶油 サワークリーム

在鮮奶油裡加入乳酸菌發酵的酸味奶油。通常會塗在裸麥薄片上吃，與具有酸味的食品非常對味。

## 酸麵包 サワーブレッド

將麵粉、裸麥粉與水混拌製成的酸麵包。雖然得花上較長的時間發酵，但是由細菌產生的抗生素可讓這款麵包更耐放，也更不會發霉。㊮黑麵包、裸麥麵包。

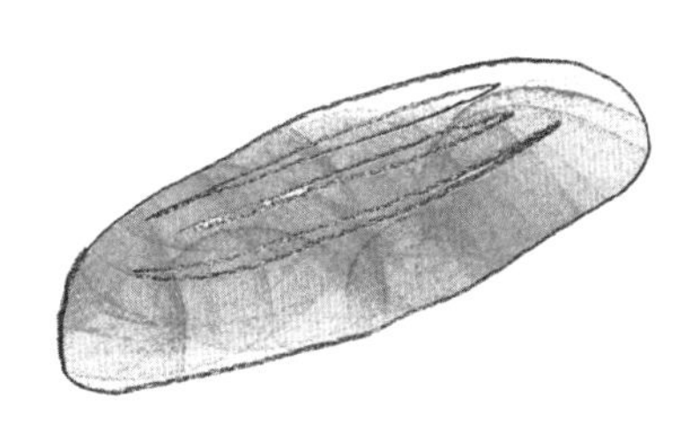

## 太陽眼鏡 さんぐらす

將奶香包做成像眉毛一般的「麵包眼鏡」。這是由喜歡講冷笑話的小金丸彫刻工業(株)(→P125【印章】)所製作的太陽眼鏡。

*參考商品

模特兒 奧田順平
（KARAIMO BOOKS）

## 三點 さんじ

這是小型麵包店麵包師傅起床的時間。在所有採訪的麵包師傅之中，大概有八成都說是這個時間起床。做麵包的事前準備則是從四點開始……麵包師傅們真的很辛苦啊！

## 三色麵包 さんしょくぱん

能一次吃到三種口味的麵包。最經典的味道為巧克力、奶油、紅豆餡這三種。故意不將三大甜點麵包之一的果醬麵包放進去，真是令人惋惜啊。問題來了，要從哪個口味開始吃呢？

## 聖多諾黑 サン・トノレ

聖多諾黑是麵包與甜點的守護神。法國將5月16日定為聖多諾黑日，每年在這天的前後一週都會舉辦麵包慶典。

## 三明治 サンドウィッチ

①據說三明治起源於18世紀的英國，是一位熱衷紙牌遊戲的三明治伯爵為了能在玩紙牌的時候順便吃飯，才發明了這種將食材挾在麵包裡的三明治。②在身體前後方掛上看板，走在路上宣傳廣告的人也稱為三明治人。

## 三味 さんみー

能一口吃到巧克力、餅乾、奶油三種味道的大阪在地麵包，也有人在這種麵包裡挾果醬變成「四味」麵包。乍看之下有種阪神老虎隊的感覺。

---

問神戶屋客服專線
0120-470-184

## 日出麵包 さんらいず

在關西一帶，放在餅乾上的麵包被統稱為「日出」麵包，而在杏仁模型裡注入白餡與奶的麵包則稱為「哈蜜瓜麵包」。也有很多人直接將日出麵包稱為「Sun Rice」，聽起來還以為是哪種白米的名字。

# 三明治漫畫

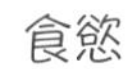

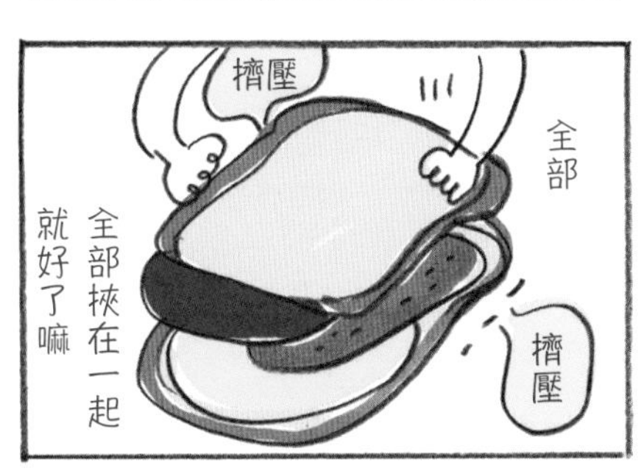

## 百人一首紙牌

# 詩 し

## 『謠言就像麵包』 UMENO TAKASHI

聽到謠言　一瞬間就只有壞印象
可是仔細一想　也有好的謠言吧
慢慢擴散的謊言
也許就是所謂的謠言吧

我們嘴裡的話　沒有藏著完整的真心
想利用言語描繪所見所聞
一定會有所取捨
所以　人們嘴裡所說的話　也可以全部都是謊言

「噂」這個漢字
在口的旁邊寫上尊敬　在日語裡是謠言的意思
想說出善意謊話　謠言就會擴散

我們所說的善意謊言
就像蓬鬆的麵包一樣脹大　進而變成謠言
穿過平原　越過高山　渡過河川
蓬鬆地　飄著香味地
來到你住的小鎮裡

小鎮裡的麵包店
總是飄著麵包剛烤好的香味
我的心　也不自覺地飄到了店裡
為了找尋傳說中的麵包　我開始奔跑
想讓善意的謠言膨脹啊
想讓謠言在某個人的心裡留下烙印
想多製造一點回憶啊
一邊吃著傳說中的麵包
一邊說著金玉良言

謠言就像麵包一樣地膨脹

UMENOTAKASHI
目前居住在京都，是古書KOSYOKOSYO的老闆／朗讀男子／北九州免費刊物《在雲端之上》的編輯。喜歡吃的是哈蜜瓜麵包堅硬的部分。人生的座右銘是「想像麵包一樣柔軟地活著」、「讓人生更像麵包」！

## G褲 じーぱん

這是日文稱呼牛仔褲（JEANS）的方法。據說這個稱呼是G.I.（美國大兵）褲子的簡稱。原本是要稱為「J褲」的，但是因為日本人的發言不準，反而念成了「G褲」。

## 貼紙 しーる

我一直都有收集麵包貼紙的習慣，從亮晶晶的貼紙到毛氈材質、表面有泡泡的、金絲的、大張的、萬用手冊專用的、將貼紙疊起來做成三明治的、貼紙貼成麵包圖鑑的，都是我喜歡的貼紙。賣貼紙的地方看起來總是閃閃發亮。遇見新的貼紙時，我一定會買兩組，一組專門用在寄出去的信上，另一組則是收藏用。除了超人氣的貼紙之外，大部分的貼紙都是賣完就絕版了，所以遇到特別喜歡的，我一定會多買幾組。

## 鹽 しお

製作麵包不可或缺的材料之一就是鹽。雖然用量不多，但是如果忘了加，麵糰就無法產生筋性，也發不太起來。

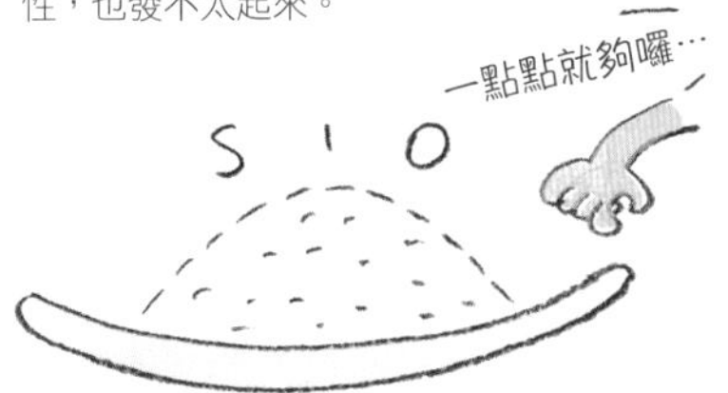

## 直烤麵包 じかやきぱん

不直接放在烤盤[→P102]上，而是放在烤箱的烤床上烤的麵包。通常是簡約麵包，也稱為養生麵包。㊫硬烤麵包 ㊦模烤麵包

## 死後麵包 しごのぱん

西元前2400～1250年於埃及誕生的麵包。為了讓亡者能在死後好好地生活，特地將麵包一起放在墓裡。

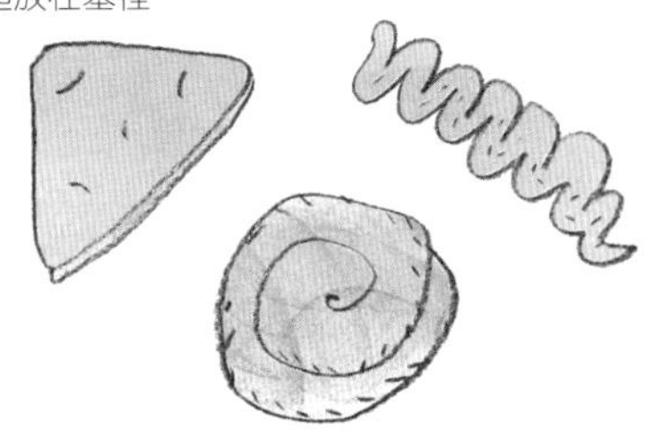

左側的麵包代表三者之間的平等與智慧，中央捲成蛇狀的麵包代表生死的糾結，而右側的麵包代表陽壽已盡的意思。

## 燉菜 しちゅー

小時候（80年代）一提到「簡單的麵包」，就會想到吐司。以前對麵包沒什麼執著，所以吐司只是附在燉菜旁邊而已，而且還沒先烤過。明明燉菜或吐司分開來就很好吃了，所以年幼的我總覺得這樣的組合很莫名。長大成人之後才知道，原來法國麵包與燉菜的搭配才是絕配，真的是令我大吃一驚！自此之後，就算燉菜與麵包一起上桌，我也不覺得有什麼不對勁了。

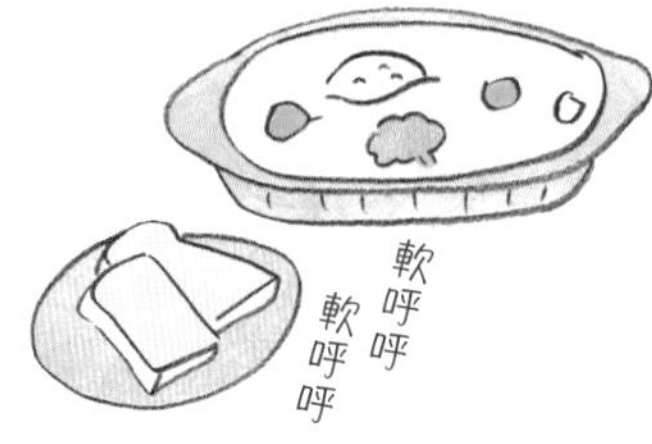

## 腳踏車 じてんしゃ

麵包店巡迴之旅絕不可或缺的座騎。即便是不方便停車的麵包店，即便是下了電車還得換車的麵包店，都可以騎著腳踏車悠悠地到達。京都[→P.62]是一處特別方便腳踏車旅遊的地區。

## 肉桂捲 シナモンロール

這是源自瑞典的點心。在麵糰撒上砂糖與肉桂粉，然後將麵糰揉成圓形放入烤箱烘焙。在電影《海鷗食堂》裡也成為討論的話題。

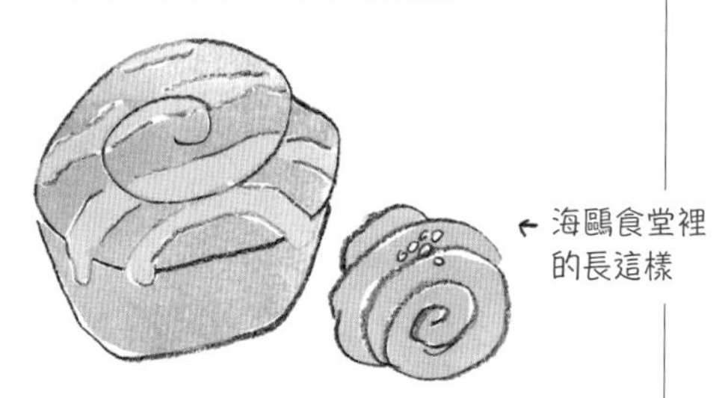


## 西伯利亞蛋糕 しべりあ

在蜂蜜蛋糕裡挾入羊羹的甜點。雖然是甜點，但卻在麵包店銷售。

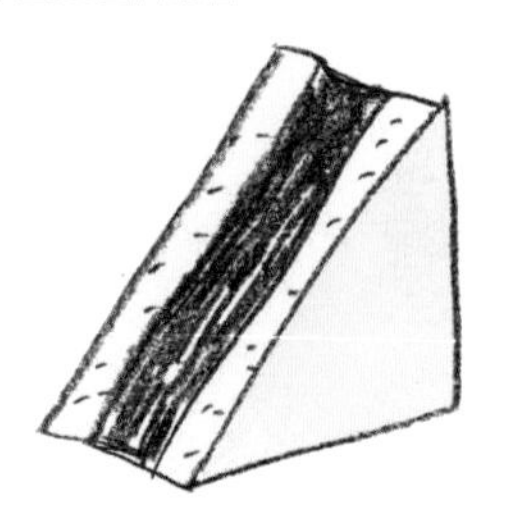

## 燒餅 シャオピン

所謂的「餅」，在中國就是麵粉製品的統稱，而「燒餅」就是利用鍋子或直接利用火來烤的麵包。從中剝開這個小巧可愛的圓麵包後，將肉挾在裡頭就能好好享受一番了。

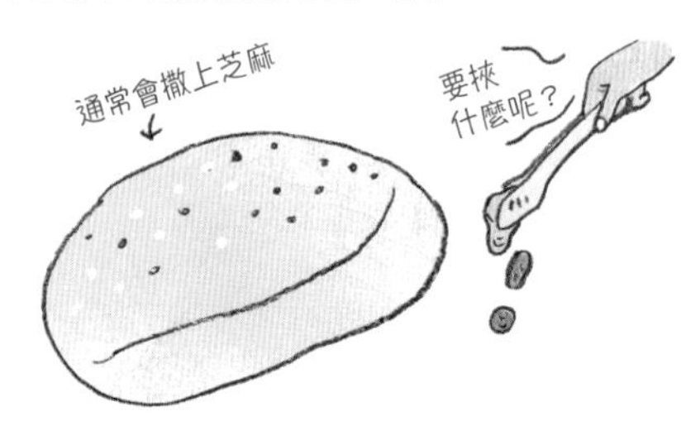


## 馬鈴薯 じゃがいも

將馬鈴薯揉進麵糰所烘焙的麵包，不管是哪家麵包店推出的都很好吃。從馬鈴薯滲出的水分與澱粉能讓麵糰保持溼潤，所以即便經過了一段時間，這種麵包仍然能保持Q彈的口感。如果能搭配迷迭香一起烘焙，那味道可是更上一層樓喔！

## 果醬 ジャム

在當季的水果或蔬菜裡加入砂糖，然後慢慢熬煮就能煮成果醬。果醬可是麵包的最佳拍擋。麵包狂熱者的渡邊政子，將所有能與麵包搭配的食物都統稱為果醬。

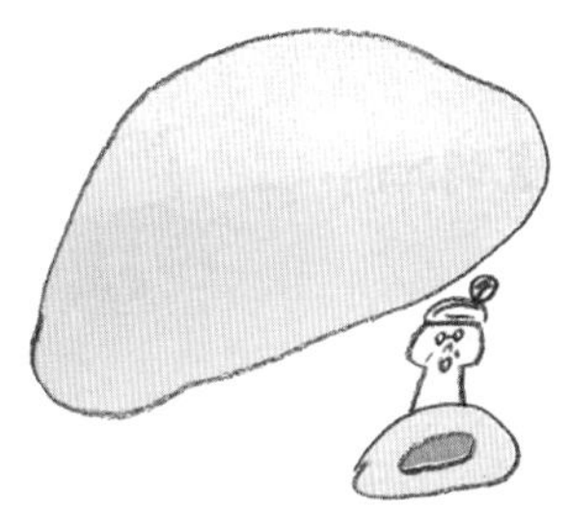

## 果醬麵包 じゃむぱん

這是「木村屋總本店」第三代老闆木村儀四郎先生發明的麵包。聽說在明治33年推出時，是以杏仁果醬的內餡為主流，而當時也將這種麵包稱為「果蜜麵包」。

## 砂利麵包 じゃりぱん

這是宮崎在地的超人氣麵包，主要在熱狗麵包裡挾進奶油霜與砂糖混拌的醬料，據說是在昭和元年（1926年）創業的「MIKAERU堂」發明的。在昭和30年代時，孩子們開始將這種麵包稱為「砂利麵包」之後，這種麵包的名字才真的確定下來。「要吃菠蘿麵包？紅豆麵包？還是砂利麵包？」這種麵包在宮崎縣民心目中就是有著如此重要的地位。

問(有)MIKAERU堂
☎0985-47-1680

已於2023年3月結束營業

## 蘑菇麵包 シャンピニオン

這個單字原本是「蘑菇」的意思，麵糰是與棍子麵包[→P118]相同的配方。在圓形的麵包上面放上傘狀部分，然後將麵糰倒過來發酵，發酵完成後再翻回來烘焙。

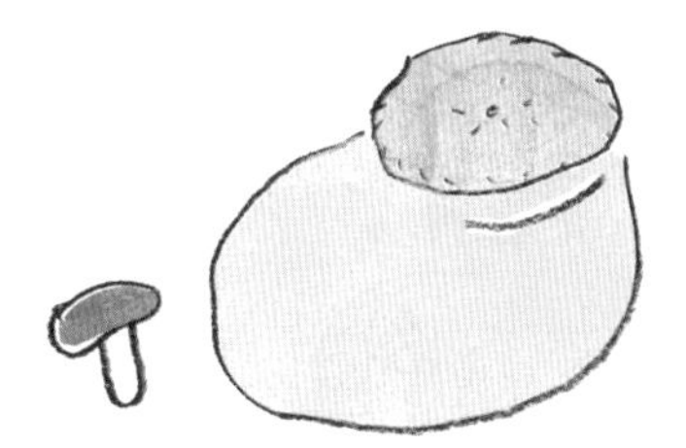

## 史多倫 シュトーレン

這是在聖誕節前夕的將臨節（advent）期間，每週的星期日都會切一小片來吃的麵包，也是德國的傳統點心。由於大量使用了乾燥水果與核果，所以每吃一口，味道都會變化，這也是這款麵包有趣之處。在發源地德勒斯登會在舉辦慶典的時候，扛著超巨大的史多倫一起遊行。

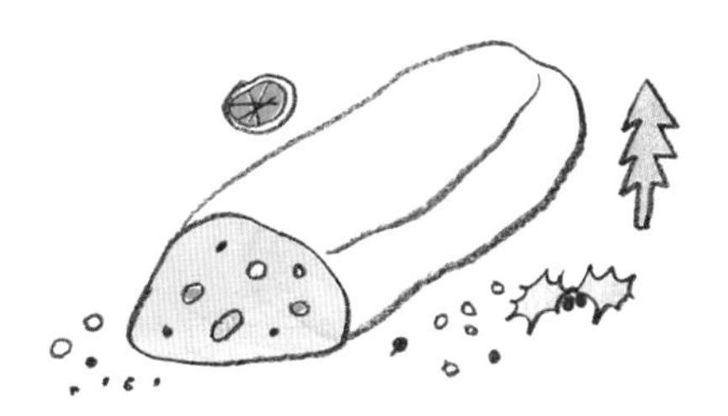

## 條件 じょうけん

開麵包店是從早上起床後，就要一直站到晚上的工作，有時要搬運重重的麵粉袋，有時則要一直站在烤箱前面，飽受高炙的爐溫不斷煎熬。某天我問在某間麵包店工作的女性，到底要擁有什麼條件，才能持續這麼辛苦的工作？她一邊撫摸著被烤箱燙傷的傷疤，一邊回答我：「要是自虐狂才能堅持下去吧！」即便工作辛苦，即便睡眠不足，縱使汗流浹背，心裡還是大喊：「嗚呼（我一直很努力），我很開心。」某間麵包店的老闆也告訴我：「做麵包的時候，都當成是在練身體。」看來老闆好像很喜歡運動？我覺得我跟他們愛麵包的心情是一樣的，但是除了這點，還有很多難以比擬的地方。

## 醬油 しょうゆ

這是嘉永3年創業的「中丸醬油」製作的「淋麵包醬油」。這款醬油摻了蘋果汁，所以除了可以淋在麵包上，還可以淋在優格、冰淇淋上，一樣都很對味，是一款甜味明顯的甜點醬油。

問中丸醬油
☎0940-62-0003

## 蘋果香頌 ショーソン・オ・ポム

香頌（chausson）這款麵包是法國最具代表性的維也納麵包的一種。特色是外表十分酥脆，裡頭則使用了新鮮蘋果製成的蘋果餡，有些表面的花紋是葉脈，有些則是格子狀的。
（chausson在法語是指拖鞋，聽說是發明這道甜點的地區形狀像拖鞋）

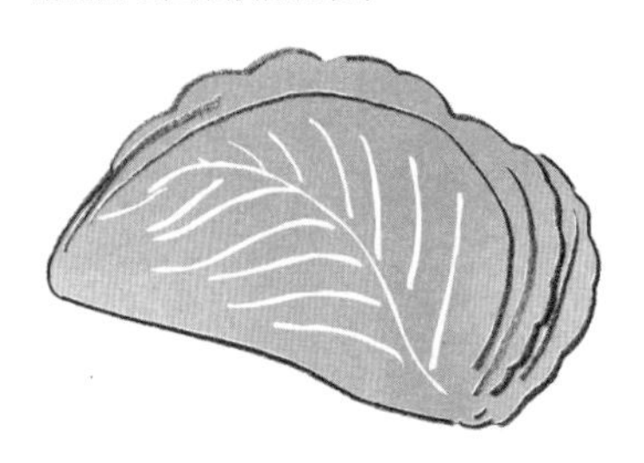

## 奶油酥餅 ショートブレッド

奶油酥餅的原文是酥鬆（short）跟麵包（bread）兩個名詞的組合。除了使用大量奶油製作，口感也十分酥鬆，屬於蘇格蘭當地傳統甜點的一種。

## 餐桌麵包 しょくじぱん

可與濃湯、配菜、果醬、奶油一起配著吃的麵包，可以是吐司、棍子麵包、德國麵包這類味道較為單純的麵包。㊈餐桌麵包 ㊍甜點麵包、家常菜麵包、調味麵包

## 職人 しょくにん

光是擁有「職人」這個職稱，就讓覺得這個人烤出來的麵包一定很好吃。不過去麵包店採訪時，可沒有麵包師傅會自稱達人，有些麵包師傅還會不好意思的說：「對不起，我沒有名片。」然後草草地將自己的名字寫在店面名片背面，充當自己的名片遞給我。我最喜歡的就是這種麵包師傅了。

## 吐司 しょくぱん

明治初期開始銷售的英式模烤白吐司開始被稱為「吐司」。而「正餐用吐司」一般是指在模型上加蓋烤成的方角吐司[→P48]，而沒加蓋烤成的吐司則稱為山型吐司[→P159]。法國則有法式白吐式[→P124]與不含砂糖、油脂類材料的硬吐司。

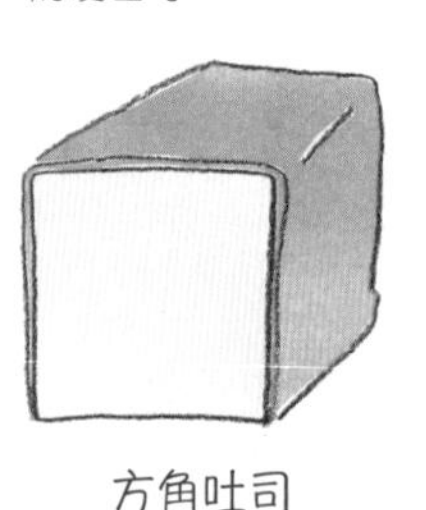

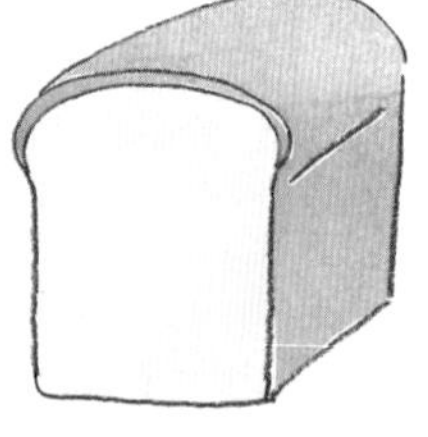

方角吐司　　山型吐司

# 植物 しょくぶつ

## 麵包樹 Bread fruits

桑科波羅蜜屬，果實在烤過、汆燙過或乾燥之後即可使用，據說味道與麵包類似，但其實未經處理的果實很像是烤馬鈴薯的味道。

## 三色堇 Pansy

堇菜科堇菜屬的園藝植物。外觀看起來像是正在沉思的樣子，所以才被命名為與法語「思考（pansee）」諧音的「Pansy」。

## 木棉樹 Kapok Tree

木棉科木棉屬的落葉高木。果實裡的棉花可用來當作枕頭或抱枕的填充物。

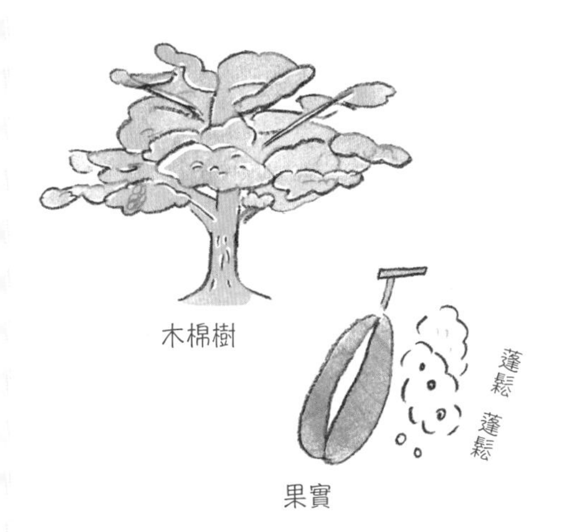


## 歐洲七葉樹 Marronnier

七葉樹屬的大型落葉樹。擁有「世界第一美麗大道」美譽之稱的法國巴黎香榭麗舍大道，兩側的行道樹就是歐洲七葉樹。

## 白麵包 しろぱん

利用精製小麥製作的麵包。早期被認為比黑麵包（裸麥麵包）還要珍貴。因為曾在動畫《小天使》裡出現，而變得十分有名。

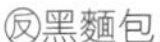㊍黑麵包

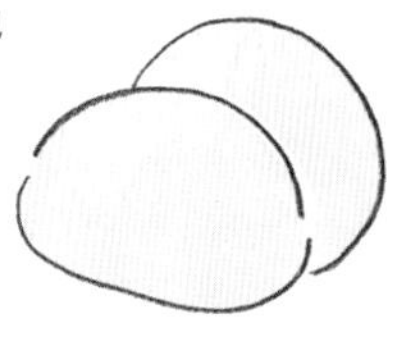

## 象徵物 シンボル

在歐洲各式的慶典之中，常常可以見到為了許願，故意將麵包捏成人物或動物的「象形麵包」，尤其在聖誕節或復活節更是常見。德國的街角也常見到將結麵包吊掛在店門上方當作象徵物的麵包店。

## 電子鍋 すいはんき

將發酵與烘焙的步驟交給電子鍋，一樣可以做出好吃的麵包。有些電子鍋本身就有烤麵包的功能，但是如果操作錯誤，可能會害電子鍋故障，使用的時候還是要多加注意。

## 湯品 スープ

歐洲習慣利用村子裡共用的麵包烤窯製作一週量的超大型麵包，然後每天切出要吃的分量，慢慢地將麵包吃完。據說在這一週內慢慢變硬的麵包，最後就泡到湯裡，泡到變軟再吃。麵包的外皮與麵包屑稱為「Crust」，將Crust泡入法式雞高湯就成了法國名菜「雞燉鍋」（Poule au pot，pot為鍋的意思）。

## 沙錢 すかしかしぱん

與海膽互為兄弟的棘皮動物。大小大概是10～15公分左右，又硬又薄，中間有花紋，周圍則開有細長的小洞。藝人中川翔子小姐曾在部落格介紹過「沙錢」這種生物，以此為契機才有同名的甜點麵包問世（目前已經沒有銷售了）。我有時會在海邊看到這種生物，會在它的背面勾上耳環的勾勾做成裝飾品。

## 司康 スコーン 

司康雖然起源於蘇格蘭，如今已成為英式下午茶不可或缺的甜點之一，常常搭配濃縮奶油[→P68]食用。這款甜點有時會在麵包店結帳櫃台旁邊看到。

## 辛香料 スパイス

利用各種辛香料增添香氣的麵包都稱為「香料麵包（Pain d'Epices）」，據說香料麵包的起源是10世紀時，以中國製的麵粉與蜂蜜製作的中國吐司黑糖麵包（Mi-Kong）。

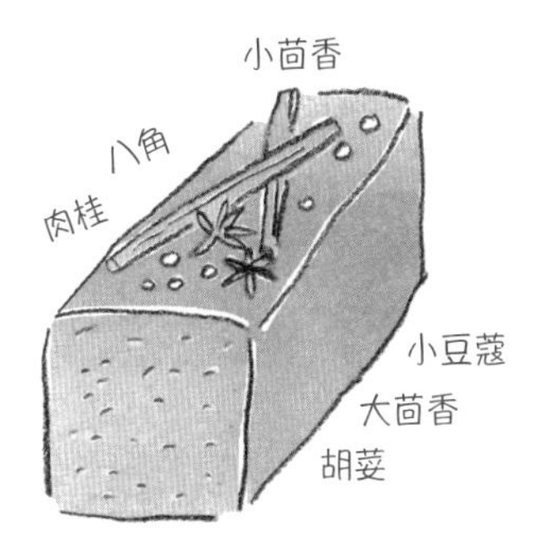


## 抹醬 スプレッド

塗在麵包表面的醬料總稱。像是奶油、乳瑪琳、奶油起司、果醬、蜂蜜、肉醬都屬於抹醬的一種。棍子麵包搭配核果風味的羊奶起司、能多益榛果巧克力醬與黑莓可是美味無比的，剛入口雖然會聞到起司的臭味，但後續會吃到能多益榛果巧克力醬的香甜，最後再以黑莓那股酸甜收尾。在眾多抹醬面前，麵包雖然只是配角，但是抹醬卻能為麵包創造溫潤的口感。

## 製作麵包 せいぱん

指的是製作麵包的過程。

## 裸麥 セーグル

セーグル（seigre）是外來語，法文「裸麥」的意思。「→P164」

## 半硬實系麵包 せみはーど

在僅利用麵粉、酵母、鹽、水製作的原味麵糰（硬麵糰）加入少量的砂糖與油脂，之後烘焙成口感較軟的麵包就被稱為半硬實系麵包。即便是沒辦法咬得動硬麵包的消費者，也能輕鬆享用這類麵包。

## 全粒粉 ぜんりゅうふん

整顆小麥碾製而成的咖啡色麵粉。在麵糰裡加一點點，就能烤出香氣四溢、口感十足的麵包。製作小餅乾的時候也會使用。與粗全麥麵粉[→P66]的製作過程有些不同。

## 家常菜麵包 そうざいぱん

將家常菜挾在麵包裡或是鋪在麵包上，種類非常多變，最經典的就是可樂餅、炒麵、玉米、鮪魚美乃滋。如果陪妳一起去麵包店買麵包的男性朋友，兩個麵包都選家常菜麵包的話，妳大概可以認為他是「肉食系男子」吧！

## 香腸 そーせーじ

挾在麵包裡當成熱狗或是捲在麵糰裡、放進油炸麵包裡都合適的就是香腸了。我之前曾經吃過黑黝黝的香腸包在法國麵糰裡，然後表面撒上芥子果實的麵包。這個名為「鬥牛士」麵包的姿態就像牛角一樣地勇猛，光是拿著就覺得很沉重，看來我已經對它愛不釋手了。有時麵包烤得金黃的顏色會讓人心動，但有時又會吃到完全不一樣的感覺。一直盯著麵包的時候，有種好像看著某種生物的感覺。

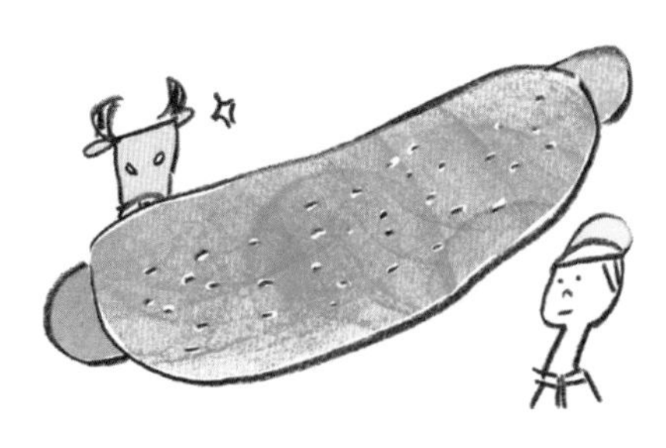

## 蘇打麵包 ソーダブレッド

以蘇打粉或泡打粉（炭酸氫鈉）代替酵母的無發酵快速麵包。「現在就想吃到麵包」的時候，這種麵包就可以派上用場了。即使一下子就可以做好，但是味道可是不容小覷的。

## 柔軟系麵包 そふとけい

紅豆麵包、奶油麵包、奶香包這類口感柔軟的麵包都被歸類為柔軟系麵包。㊦硬實系麵包 ㊮豐富麵包

## 糖酥麵包 そぼろぱん

將麵粉、砂糖、奶油拌成酥狀的餅乾材料，再將材料鋪在麵糰上方，送進烤箱烘焙而成的麵包。酥脆又不失彈性的口感是最大的特徵。德國將上頭的糖粉奶油稱為「糖酥（streusel）」，常鋪在莓果蛋糕上頭一起烘焙，也是德國的經典蛋糕之一，在當地十分受到歡迎。英文稱為「crumble（奶酥）」。

〔專欄〕麵包×法國

# 從巴黎的棍子麵包到水

山本百合子

大概在15年前左右，被稱為法國麵包的日本棍子麵包也變得十分美味，但是還是與法國的棍子麵包有些不同。早期常以一句「因為用的麵粉不一樣啊」混過，但是在能夠直接輸入法國製的麵粉，或是適合製作棍子麵包的國產麵粉問世之後，這種「制式回答」已經無法矇混過關了。

一直無法容忍這個現實的某一天，某位既是美食通，家中又藏有大量料理書的巴黎女性邀請我到家中，請我吃了外皮厚薄適中且酥脆，內裡呈現淡白色的棍子麵包。咬下第一口的當下，我立刻脫口說出：「果然法國的棍子麵包才好吃。」我順勢向這位女性詢問藏在心中已久的疑問，得到的答案是「因為水不一樣，所以麵包的味道當然不同啊。比利時與瑞士雖然都有棍子麵包，但是味道可是全然不同的」。原來是水啊，我從來沒想過這個問題。如果是泡茶的話，我還懂，但是沒想到無色透明的水也會改變棍子麵包的味道。

法國的水是硬水（礦物質較豐富的水），而日本是軟水，兩者之間的確有很大的差異。在法國煮不出好喝的綠茶大概也是這個原因，反觀英國是硬水，所以煮出好喝的紅茶也是事實。不過同是硬水，在法國煮淡味的紅茶，煮不出美麗的暗紅色，看起來就像是籠罩了一層灰色的物質一樣，味道與香氣也都不佳。到底是哪些成分影響了棍子麵包的味道呢？這位巴黎女性的話非常有說服力，而且一點也沒有錯。不過我自己覺得向這位未曾深究麵包謎團，又非麵包師傅的巴黎女性問這個問題實在有點魯莽，所以我也沒繼續追問下去。

說到水，幾年前就常聽到「一起喝巴黎的自來水」的口號。據說是因為法國的自來水的礦物質成分完全不少於市售的礦泉水（實際上，與法國某牌自然礦泉水的礦物質含量相同），所以才會建議在巴黎市的公共設施喝自來水。看來巴黎與水之間的關係，也成了喚起好奇心的一個主題了。

山本百合子
甜點、料理研究家，目前居住在福岡市。在日本女子大學主修食物學之後，前往法國，在巴黎生活了12年。除了寫作之外，也主持「山本餐廳」料理教室。目前著作已超過20本以上。
@yamamotohotel

酥脆

酥脆

盯著不放

模特兒 前川YUNA

た
行

## 虎皮麵包 タイガーブレッド

Tiger bread最大的特徵就是表面的虎紋，所以又被稱「Tijgerbrood」或「Dutch Bread」。只要在烘烤之前塗上用水調開的上新粉水，就會出現虎皮的花紋，而上新粉的比例將決定裂痕的大小。

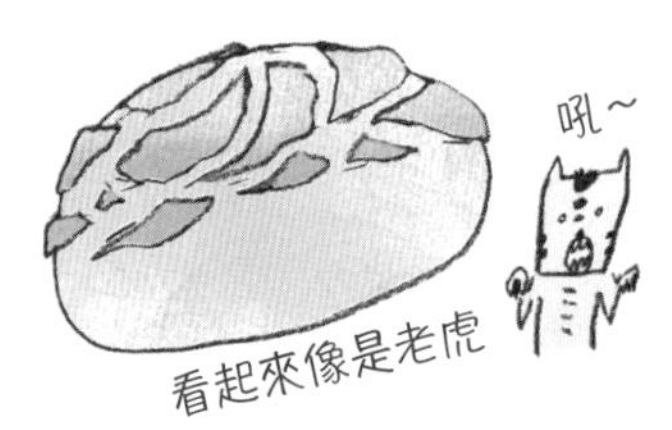


## TAKASE たかせ

大正9年創業、池袋的麵包．甜點老店。在池袋的晚上，閃爍著霓虹燈的店面實在令人印象深刻。池袋總店全年無休，到晚上9點前都還能買到麵包，這真是厲害的營業模式。買了麵包之後，走到9樓的咖啡廳稍事休息或許也是不錯的選擇。

ⓘTAKASE｜東京都豐島區池袋1-1-4
☎03-3971-0211（代表號）
另有南池袋店、巢鴨店、板橋店（板橋工廠）。

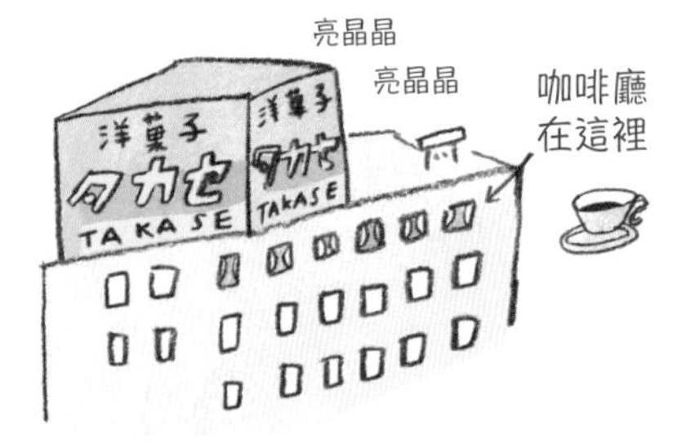


## 烤蛇餅 たけぱん

將麵糰捲在竹子上，再利用炭火烘烤的麵包。在露營地這類戶外地方，可以將烤蛇餅當成是親子同樂的休閒活動之一。另外還可以將竹子垂直剖開，並將麵糰塞到竹子裡的空間，再蓋起來烘烤。

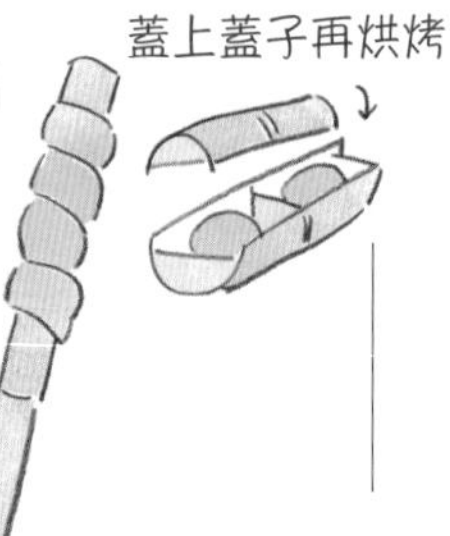


## 章魚燒麵包 たこやきぱん

將整顆章魚燒包到麵糰裡，烘烤後再塗上醬汁，撒上柴魚片或青海苔的麵包，這算是在「麵粉食品」外再包一層麵粉食品的創新麵包。由於是與章魚燒一起烘烤，現烤的風味可是迷死人了。

## 特百惠容器 たっぱーうぇあ

想保護麵包不被壓扁時，這可是非常好用的道具。柔軟的奶油麵包、表面鋪有水果的丹麥麵包，要是放在包包裡，常常一下子就被壓扁了吧？雖然每一次都要帶著特百惠容器出門是件麻煩事，但如果不想讓可愛的麵包被壓扁，那就偷偷地將容器藏在包包裡帶出門。

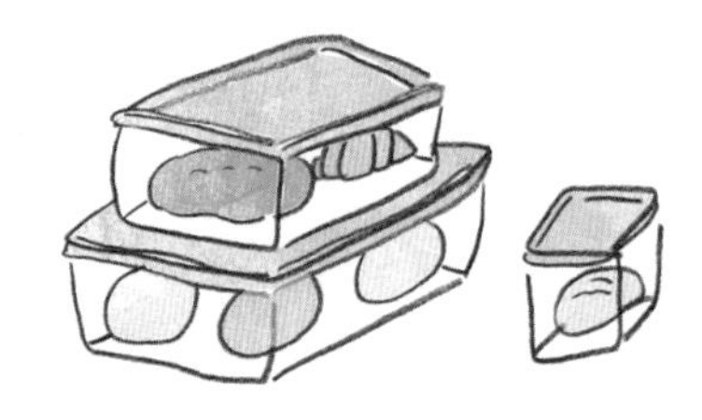

## 香菸盒麵包 タバチェール

Tabatiere的意思為「香菸盒」。這種麵包的麵糰與棍子麵包[→P118]的配方相同。利用擀麵棍將圓形麵糰的1/3擀開，然後將擀開的部分蓋回剩下的麵糰上，接著將麵糰翻過來等待發酵，發酵完成之後再開始烘烤。擀開的部分可是會如預期地酥脆。

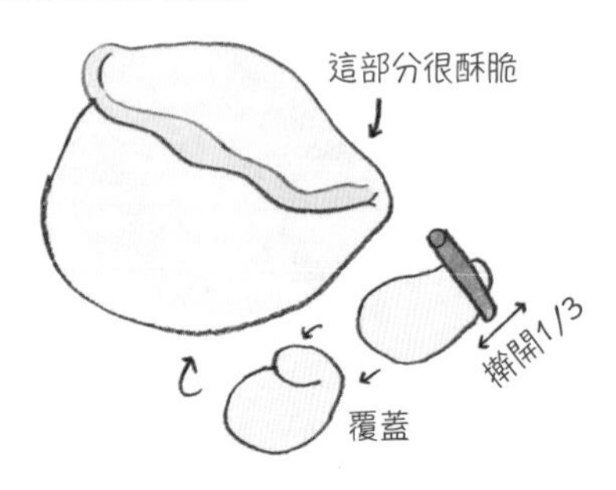

## 旅行 たび

訂出旅行的目的地之後，第一步就是先確認那附近有沒有麵包店。我大部分的旅行都是以麵包店為目的地，不管是商店街裡的烘焙坊，還是在海岬上孤高的法式麵包小店，又或者是住宅區裡的麵包店，每個小鎮都有那種能感受當地氛圍的麵包店。當然也不能忘記去當地的超市或便利商店走走，說不定能與不常見的當地麵包來場美麗的邂逅。

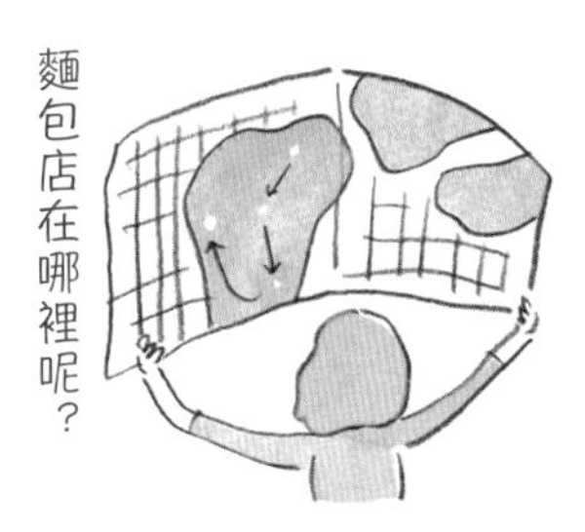


## 雞蛋麵包 たまごぱん

大正時代造成大轟動的甜點。雖然材料只有麵粉、雞蛋與砂糖，但是味道卻令人非常地懷念。

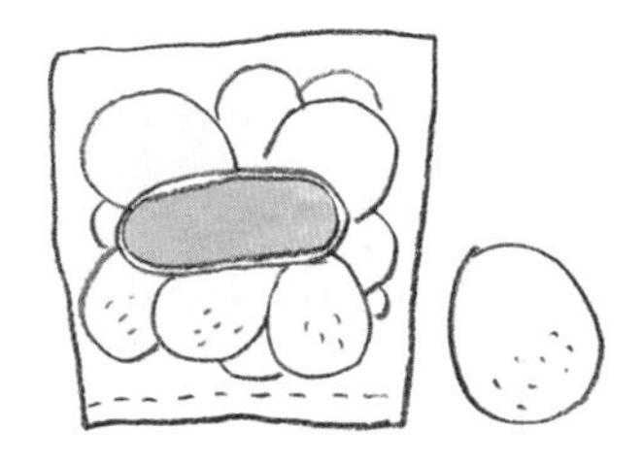

## 民子小姐的鑄鐵麵包烤鍋
たみさんのぱんやきき

這是住在宮城縣的近江民子小姐發明的烤麵包南部鐵器，構造只有鍋子與蓋子。為了增加表面積，提高熱傳導率，所以在鍋子的正中央開了一個洞。在鍋子的內側塗油，然後將幾個揉成圓形的麵糰放進去，再蓋上蓋子，烤個15分鐘，麵包就烤好了。瀏覽負責銷售的及源鑄造（株）的官網，就能看到「徒然的民子小姐」這個記錄著民子小姐開心日常生活的部落格。

㉄及源鑄造(株)｜☎0197-24-2411

## 洋蔥 たまねぎ

「我跟妳就像是麵包與洋蔥」，聽說西班牙人最常說這句話求婚，感覺上就像是在說：「只要能與你在一起，即便過著只有麵包與洋蔥的貧困生活我也不在乎。」雖然我常說，總有一天也會有人對我說這句話的，但很可惜的是，到現在白馬王子都還沒出現。

## 彈力 だんりょく

形容麵包彈力時，常使用「Q彈」這個字眼吧？以前形容麵包較常使用「蓬鬆」，很少會使用「Q彈」來形容。不過要是麵包太過Q彈，說不定會誤以為吃到麻糬。

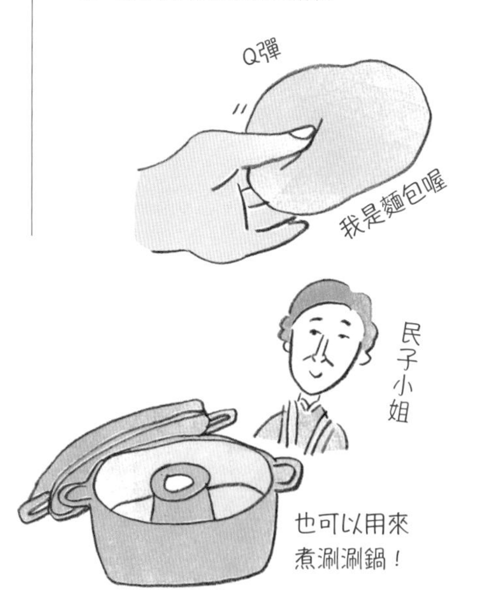

## 起司 チーズ

起司與麵包都是於美索不達米亞平原誕生的發酵食品（不同時期）。在西元6世紀的時候，起司與佛教一起從中國傳入日本。據説最早日本將起司稱為「酥」，是一種被視為延年益壽、強精固體的珍貴食品，所以被貴族完全掌握在手裡。

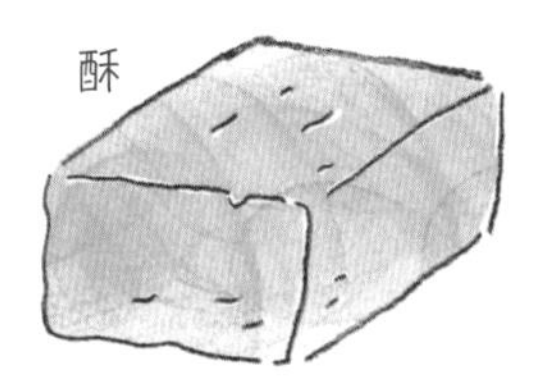


## 竹輪麵包 ちくわぱん

北海道的麵包屋「橡實」，在1983年創業當時推出的超人氣在地麵包，對札幌市民來説是非常重要的存在。口感絕妙的竹輪搭配柔軟的麵包形成無敵的組合。竹輪之中還偷偷灌了鮪魚美乃滋沙拉，所以也能喚醒食慾。

㊐(株)橡實｜☎011-865-0006

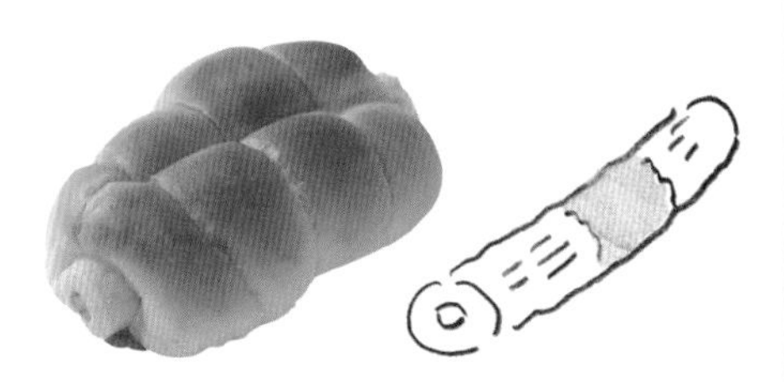

## 拖鞋麵包 チャバタ

チャバタ（ciabatta）在北義大利一帶非常受歡迎，外型很像是拖鞋，所以才因此得名。最大的特徵就是有很多大型的氣孔，以及溼潤的口感。小顆圓形的拖鞋麵包又稱為「巧巴達」。

## 印度麥餅 チャパテ

據説麥餅的地位就像是日本的白飯一樣，北印度與巴基斯坦的每個家庭都會製作這種無發酵的麵包。將atta這種全粒粉揉成的麵糰擀開後烘烤，然後再沾著咖哩趁熱吃。

## 吉拿棒 チュロス

吉拿棒起源於西班牙，主要是先利用模具擠出星星形狀，放入油鍋油炸之後，再塗上蜂蜜或撒上肉桂粉的甜點。有的做成棒狀，有的是連成一圈的圓形。在西班牙是當成早餐，會浸泡在熱巧克力裡配著吃。

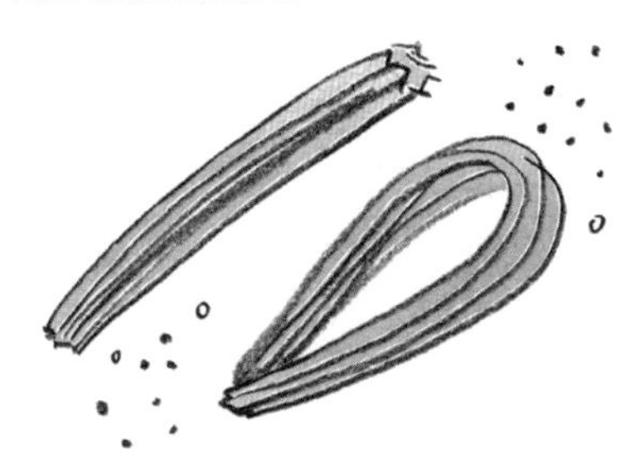

## 調味麵包 チょうりぱ

在一般的麵包製程裡另外加料的麵包。主要分成家常菜麵包[→P92]與甜點麵包[→P49]這兩大類。

巧克力塊　巧克力粒

巧克力奶油　巧克力糖漿

## 巧克力 チョコレート

可揉進麵糰或挾在麵糰裡，做麵包不可或缺的材料之一就是巧克力。與堅果類的食材非常對味，不僅可用在甜麵糰，也可用在硬麵包的麵糰裡。我最喜歡的搭配就是白巧克力與夏威夷果仁，為什麼好吃的東西，卡路里總是那麼高呢？

## 旅行 つあー

我的旅行通常以巡迴麵包店為目的，雖然單身一人，以自己的節奏巡迴麵包店是件很棒的事，不過我建議還是多幾個人一起出發會比較有趣。因為這樣才能一起分享多款麵包，也能彼此討論吃麵包的心得。一次吃到多種麵包，然後將感受化成語言表達時，那絕對是在麵包之旅的醍醐味。

## 扭轉甜甜圈 ついすとどーなっつ

將棒狀的甜麵糰扭成麻花狀，油炸後撒上糖粉的麵包。有些會在正中央劃出一道切口，然後將鮮奶油或是卡士達醬灌進去當餡料。

輕輕地按住麵糰，然後將麵糰往自己身體方向滾過來。

## 網購麵包 つうぱん

這是訂購其他地區麵包的方式，是「網路訂購麵包」的簡稱。

## 辮子麵包 ツォップ

ツォップ（zopf）是德語裡「三辮」的意思。這種麵包的版本非常之多，從軟的到硬的，從甜的到不甜的都有。

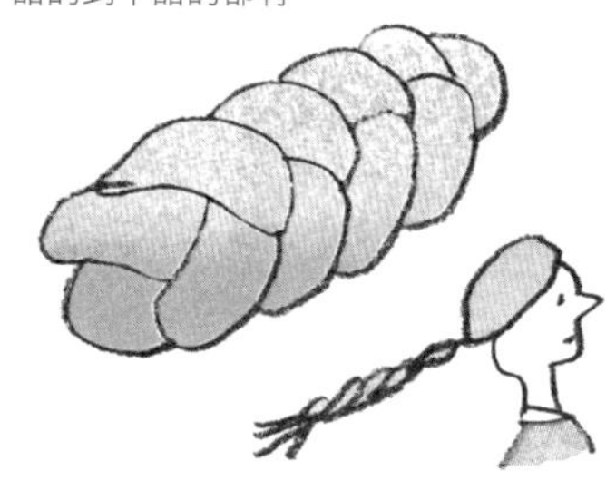

## 糖烤麵包 つけやきぱん

明治中期，因米價狂飆而造成大流行的平價麵包。將廉價麵粉製成的麵包先斜切成薄片，然後在單面塗上砂糖蜜烘烤，最後再將烤好的麵包串起來。一片的售價是5毛錢。

## 鮪魚麵包 つなぱん

鮪魚麵包屬於家常菜麵包之一，製作方式就是在麵糰鋪上由鮪魚、美乃滋與洋蔥拌成的餡料。鮪魚與美乃滋都是非常經典的餡料，所以也很受到孩子們的歡迎。

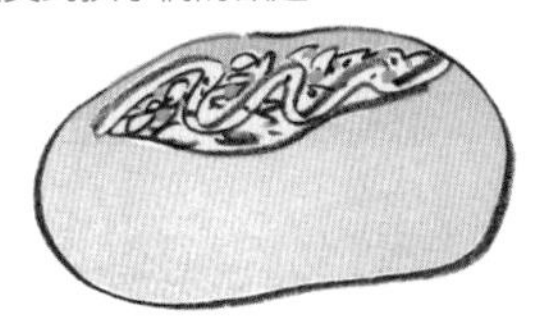

## 奶油麵包捲 つのぱん

奶油麵包捲又稱為「Crescent Roll」麵包，外型很像上弦月，是常在主餐出現的麵包之一。形狀雖然與鹽餅乾棒[→P81]長得不太一樣，不過製作方式卻是完全相同。

## 鶴屋麵包 つるやぱん

位於滋賀縣的鶴屋麵包是一家歷史悠久的麵包店，因推出在熱狗麵包裡挾醃蘿蔔的「沙拉麵包」而聲名大噪。除了沙拉麵包之外，我也非常推薦他們的「三明治」，這款三明治在白白胖胖的吐司裡，只簡單地挾了美乃滋以及魚肉火腿。還有巧克力麵糰裡居然挾著炸火腿排，也真是令人意外的美食。雖然棍子麵包不算是嶄新的麵包，但每一口都讓人深刻地感受到未來的無限可能。

ⓘ鶴屋(有限公司)
滋賀縣長濱市木之本町木之本1105
☎0749-82-3162

## 手 て

麵包店師傅的工作必須靠「手」才能完成。即便是身材嬌小的女性麵包師傅，一看到她們的手可是會讓人大吃一驚的，因為遠比想像中來得粗厚許多，她們常告訴我麵包店的工作得花費很多力氣才能完成。我發現，男性師傅的手臂都非常光滑無毛，據說是為了避免麵糰摻入雜物。

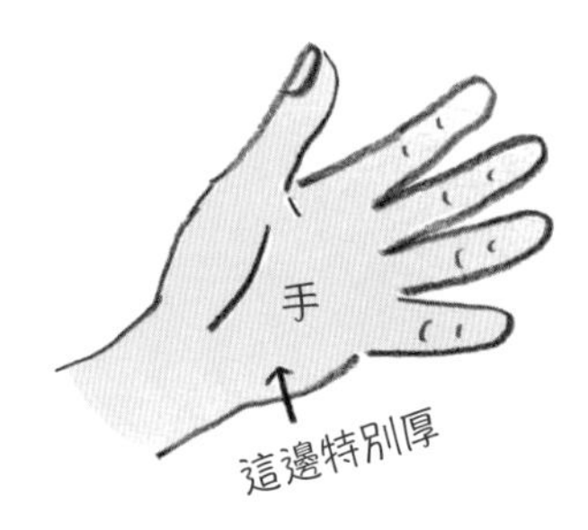


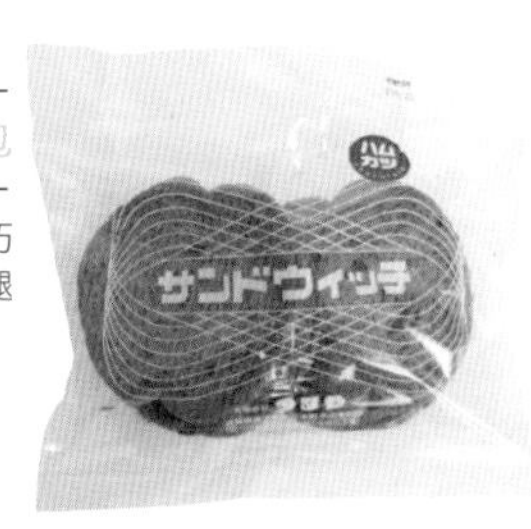


巧克力炸火腿排麵包

甜味隱約、口感柔軟的巧克力吐司搭配酥脆的火腿排，形成絕妙的組合。

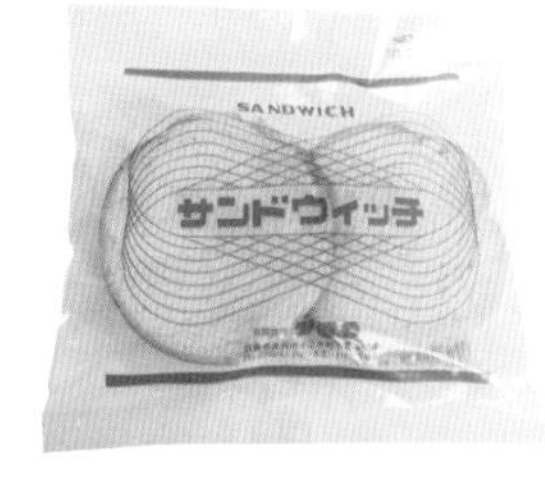


三明治

是一款只挾了美乃滋與魚肉火腿的麵包，也是鶴屋人氣紅不讓的商品之一。

沙拉麵包

將拌有美乃滋的醃蘿蔔挾在熱狗麵包裡的超人氣商品，屬於滋賀縣非常有名的在地麵包之一。

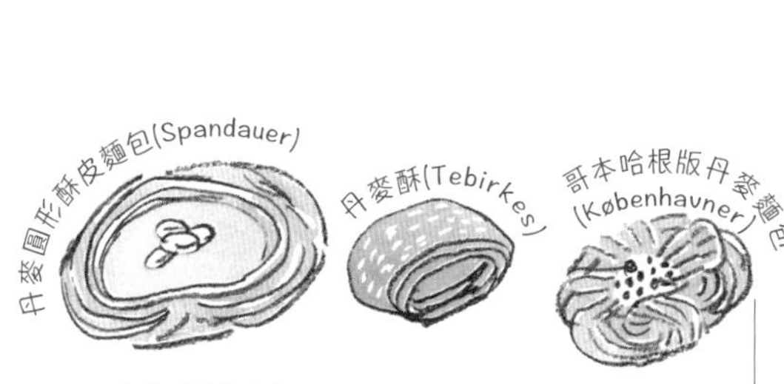


## 丹麥麵包

デニッシュペストリー

這種麵包顧名思義是指「丹麥式的烘焙點心」，不過丹麥當地將這款麵包稱為「維也納的麵包」，主要是因為這款點心的製作方式是從維也納傳入丹麥的。將酥油折入麵糰裡的製法雖然是從17世紀的維也納起源的，但不知為何卻是在丹麥流傳開來。之所以這款麵包的製法會在丹麥普及，主要是因為在丹麥的麵包師傅群起罷工的時代裡，有一群維也納麵包師傅取代原本的丹麥麵包師傅，也因此順勢將這款麵包傳入丹麥，日後又慢慢地進化成現在的丹麥酥麵包。順帶一提，日本最早推出這款麵包的麵包店是安徒生麵包店[→P30]。

## 甜點 デザート

在厚片吐司表面切出格狀的切口，然後鋪上奶油、蜂蜜、香草冰淇淋的「蜜糖吐司」，其分量絕對不是一個人能夠搞定的。我曾在學生時代與朋友們一起享用這款甜點，吸飽了奶油與蜂蜜的吐司搭配透心涼的冰淇淋，絕對能滿足食慾旺盛的學生們想吃甜點的慾望。在大口大口吃完甜點之後，在我印象裡，沒有人能將剩下的吐司邊一起收拾掉。

## 提契諾麵包

デッシーナブロート

提契諾麵包發源於瑞士南方的提契諾地區，是一款在當地非常流行的麵包。提契諾麵包主要是將5～6個小顆的法國麵包串連起來，主要是當成早餐的麵包吃，口感相當酥鬆。

有些會在正中央劃幾道切口

## 手工土產 てみやげ

應該不會有人討厭麵包吧（我覺得），所以當我在選擇手工土產時，往往就會選擇麵包。如果準備的是一天吃不完的量，我就會選幾個適合冷凍的簡約麵包混在裡面，當然也不會忘記教對方冷凍麵包的方法。大部分的麵包店都不會提供禮物包裝，所以只好直接提著印製簡陋的塑膠袋去拜訪朋友了。

## 天氣 てんき

天氣對製作麵包的有很大的影響。酵母在炎熱的日子裡特別有活力，所以麵糰一下子就發酵過頭了；到了氣候冷峻的季節，麵糰又不太會發酵，每一天都得跟天氣作戰。而且雨季的客人比較少，得視情況調整進貨量。由於麵粉都是在前一天採購的，所以要想採購適當的分量，得仰賴快速的判斷力與長年培養的直覺。

## 電力麵包 でんきぱん

戰後的昭和20年代（1945年左右）是一段糧食短絀的時代，而這款電力麵包就是當時利用「電動烤麵包機」製成的麵包。這台電動烤麵包機只要放入以麵粉、蘇打粉（泡打粉）、砂糖揉成的麵糰，插上插頭，就能製作出類似蒸麵包口感的麵包。機器的構造雖然簡單，但是製作出來的麵包卻是美味到不行喔！

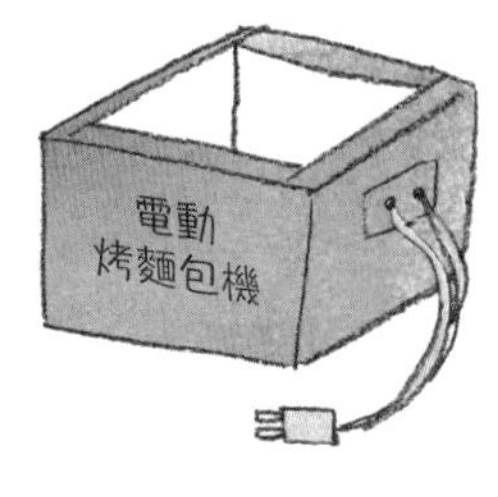

## 天然酵母 てんねんこうぼ

利用附著在穀物、果實與植物的野生酵母製作的酵母種，是製作麵包絕對不可缺少的材料之一。天然酵母與酵母[→P34]相較之下，容易被誤認為比較有利身體健康，但其實酵母也是利用大自然的酵母菌製作，所以原理其實是一樣的。㊫自製酵母、野生酵母、複合酵母

## 烤盤 てんぱん

將整型整好的麵糰放在烤盤，等待最終發酵完成後，再連同烤盤一同放入烤箱烘焙。

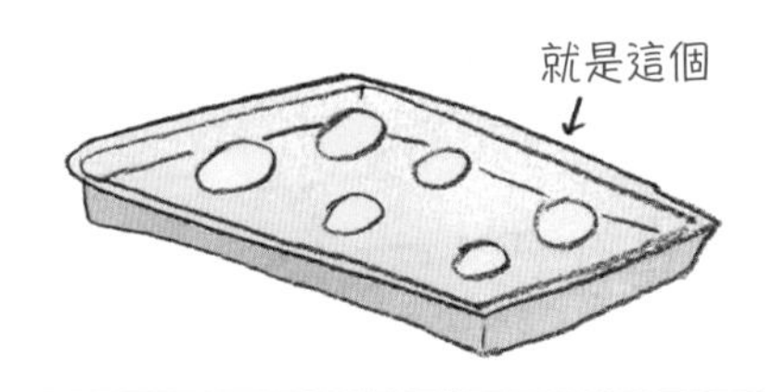


### 『天然酵母的種類』

**水果種**

從葡萄與蘋果培養的酵母種。可做出口味微酸，香氣濃醇的麵包。

**酸酵種**

利用裸麥培養的酵母種。這種酵母種製作的麵包擁有獨特的酸味，而且也比較耐放。

**酒種**

從酒麴培養的酵母種。紅豆麵包這類的甜點麵包最常使用。

**啤酒花酵母種**

在啤酒花加入馬鈴薯這類植物所培養的酵母種。比較常用來製作簡約麵包。

**桃樂絲種**

附著在俄羅斯落葉松的酵母。

**饅頭種**

中國製作饅頭常用的酵母

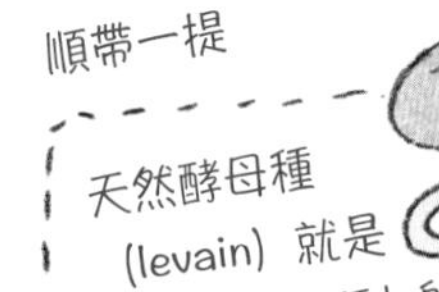
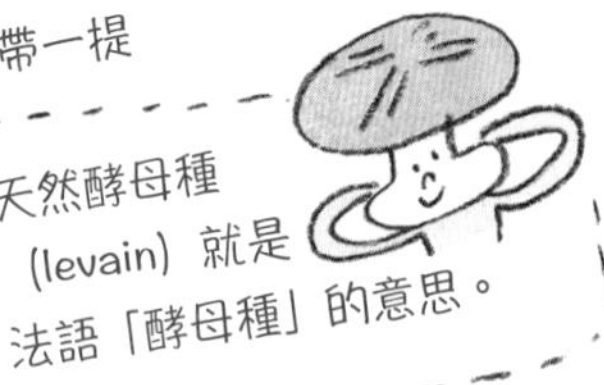

協力　大陽製粉（株）〔→P74【麵粉】〕

# 德國麵包 どいつぱん

以麵包種類豐富而聞名全球的國家非德國莫屬。德國麵包的名字通常又長又難記，所以僅介紹一些具有代表性的分類。

## 常用詞彙

**只要記得這些詞彙，就能從麵包的名字判斷麵粉的比例。**

[Weizen]…小麥
[Roggen]…裸麥
[Misch]…混合

## 麵粉的比例

麵包的名稱會隨著麵粉與裸麥麵粉的比例而改變。

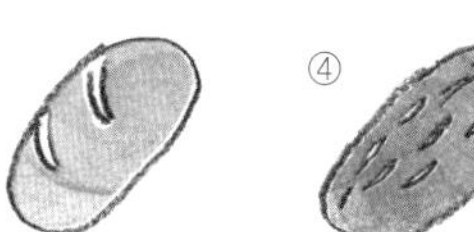
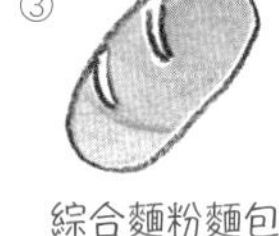
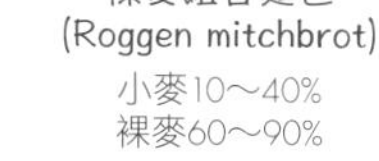
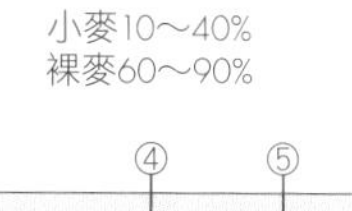

① 小麥麵包 (Weizenbrot) 100%小麥

② 輕裸麥麵包 (Weizenmitchbrot) 小麥60～90% 裸麥10～40%

③ 綜合麵粉麵包 (Mitchbrot) 小麥50% 裸麥50%

④ 裸麥組合麵包 (Roggen mitchbrot) 小麥10～40% 裸麥60～90%

⑤ 黑麥麵包 (Roggenbrot) 小麥0～10% 裸麥90～100%

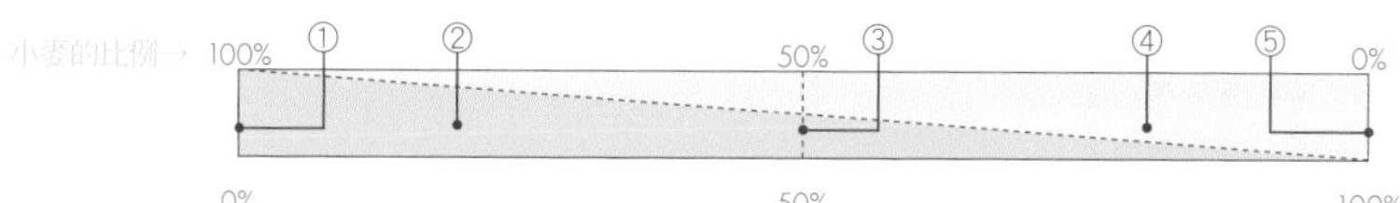


## 麵粉的碾製方法與麵包的大小

麵包的名稱會因為小麥與裸麥的碾製方式，以及麵包的大小而改變。

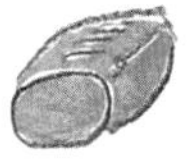

粗全麥麵包 (Schrotbrot) 使用粗碾麵粉製成的麵包

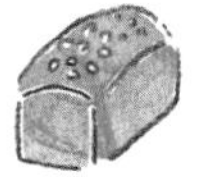

全麥麵包 (Vollkornbrot) 使用全粒粉製作的麵包

小圓麵包 (Brötchen) 指的是小型麵包

# 陶器 とうき

高知的西尾先生（ORGAN社）曾製作過許多種陶偶，其中一款就是「麵包與少年」。擺在玄關，就能隨時看到陶偶在吃麵包的樣子，這對陶偶的模樣真是可愛到不行。

ⓘORGAN社｜https://organsha.com

# 烤麵包機 トースター

專門為了烤吐司而發明的機器，發明者就是眾所皆知的湯瑪士愛迪生（Thomas Edison）。早期的烤麵包機以彈跳式為主流，近年來則以烤箱式的為主。麵包可直接插入的彈跳式烤麵包機，能讓麵包與電熱板相當接近，所以能在短時間之內烤好麵包。而將麵包放在烤網上面烘烤的烤箱型烤麵包機，則因為麵包離電熱板較遠，所以必須預熱才能烤出美味的麵包。由於各種烤麵包機的火力皆不同，所以要烤出好吃的麵包都必須先掌握它們的習性才行。微波爐烤箱會把麵包烤得失去水分，所以完全沒辦法令人喜愛。

## 烤吐司 トースト

Toast就是烤過的吐司。

## 吐司女孩 トーストガール

1998年於澳洲誕生的吐司女孩，是一名頭上頂著烤麵包機，表演烤麵包的藝人。除了被稱為吐司女孩之外，還擁有表演兩手拿著法國麵包「Baguette Bardot女孩」的稱號。吐司女孩會隨著表演的內容改變自己的稱呼，也於國內外從事表演。

ⓘ吐司女孩｜http://www.toastgirl.com

## 甜甜圈 ドーナツ

甜甜圈原本是荷蘭的油炸甜點「Oliebol」，據說是一種將麵粉揉成圓型麵糰，放入油鍋油炸之後再鋪上堅果的甜點。由於是在「麵糰（dough）」上面鋪堅果（nuts），所以才轉化成甜甜圈（doughnuts）這個稱呼。而中間為什麼開洞的緣由眾說紛云，一般認為是為了方便加熱。日本有句與甜甜圈有關的諺語是：「樂觀的人看到的是甜甜圈的孔，悲觀的人看到的只是洞。」



## 蕃茄 とまと

蕃茄可挾在三明治裡、放在烤吐司上，或是揉進麵糰裡，可說是一種與麵包非常合拍的蔬菜。利用蕃茄取代水揉成的圓麵包被稱為「蕃茄麵包（pomodoro，義大利語的蕃茄）」，如果同時拌入巴西里，就會調出清爽芳香的口味。另一款與蕃茄有關係的麵包，就是在棍子麵包塗上大蒜與熟蕃茄再淋上橄欖油的「西班牙蕃茄麵包（pan con tomate）」。

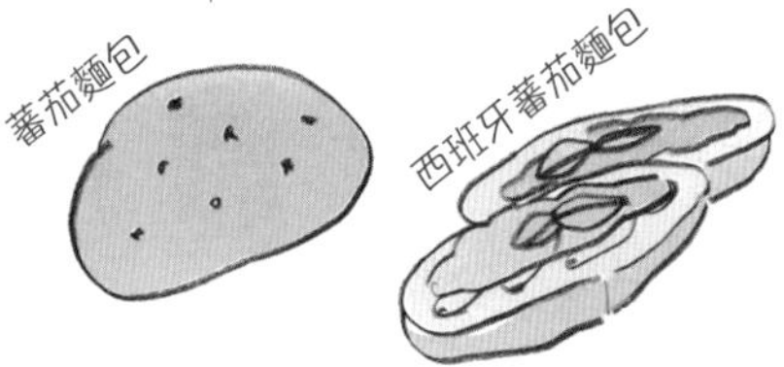


## 朋友 ともだち

我曾向周遭的朋友宣布「我超愛吃麵包」，所以自然而然地，我的朋友們都被我輸入了我喜歡麵包這件事。一聽到有關麵包的情報就會立刻通知我，甚至會為我介紹也喜歡麵包的人。我覺得先告訴第三方自己喜歡的事情是很重要的。順帶一提，廣東話的朋友（panyao）是日文裡「友達」的意思。

## 乾燥水果 ドライフルーツ

日曬乾燥製成的水果乾都稱為Dried fruit，可放在麵包上點綴或是揉進麵糰裡增加風味。常見的乾燥水果有葡萄、無花果以及莓果等。

## 墨西哥薄餅 ドルティーヤ

ドルティーヤ（tortilla）是將玉米粉製成的麵糰擀開再烤的薄餅，可自行挾入喜歡的食材做成「墨西哥捲餅（Tacos）」。

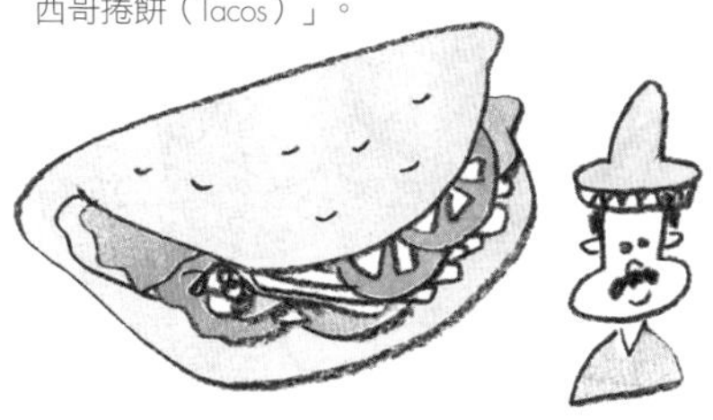

## 刷蛋黃 ドレ

將麵糰送入烤箱之前，在麵糰表面刷上蛋黃的步驟。可為甜麵包增加色澤，讓甜麵包看起來更加美味。

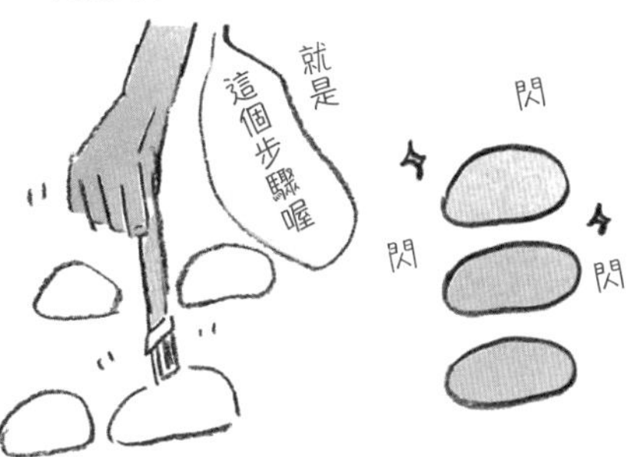

## 托盤麵包 トレンチャー

是將麵包當成容器使用的意思。歐洲中古世紀習慣將一整塊硬麵包當成料理的器皿使用。

## 麵包夾 トング

用來夾麵包的道具。每家麵包店的夾子都長得有一點點不一樣，可以從中發現麵包店的別出心裁。常常可以在開放式店面裡，看到店員拿著麵包夾幫客人挾麵包的光景。

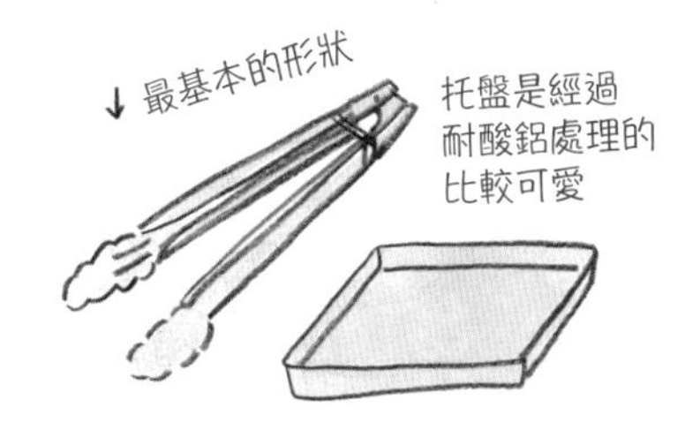


## DONQ トンク

DONQ於1905年創業，是日本最具代表性的麵包烘焙坊之一，也是日本第一次推出正統法國麵包的名店（棍子麵包）。當時介紹棍子麵包的姿態著實令日本各地的麵包師傅們驚訝得合不攏嘴。我發現許多小型麵包店的業者都曾在DONQ修業過。

ⓘDONQ三宮本店
兵庫縣神戶市中央區
三宮町2-10-19
☎078-391-5481

休息一下

な行

## 麵包刀 ナイフ

用來切麵包的長刀，可依照麵包的種類選擇不容易傷害麵包外觀的款式。鋸齒類的麵包刀很適合用來切任何一種麵包。據說喜歡吃麵包的人，會隨身帶著專屬的麵包刀出門。

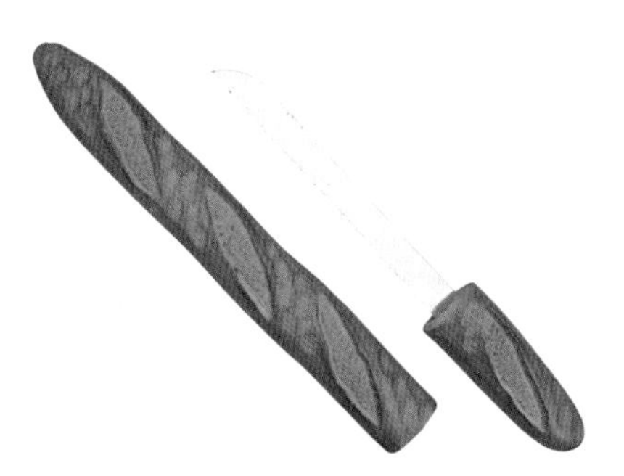

上圖的麵包刀與麵包長得太像，混在石窯會研究所[→P32【石窯】]的麵包之中根本看不出來。但這可是真的麵包刀！

## 長崎 ナがさき

據說麵包早就與長槍一同傳入日本，只不過1639年日本鎖國之後，麵包就在日本人的眼前消失無蹤，只剩下長崎的荷蘭大宅還在偷偷地製作麵包。據說當時的日本人連「麵包（PAN）」這個稱呼都忌諱，所以將麵包改稱為「沒有內餡的饅頭」。

## 堅果 ナッツ

所有樹果的總稱。在製作麵包時，通常會先烘烤一遍，是替麵糰增添味道的重要食材，不過這種食材很容易氧化，要早點用完才是正確的。

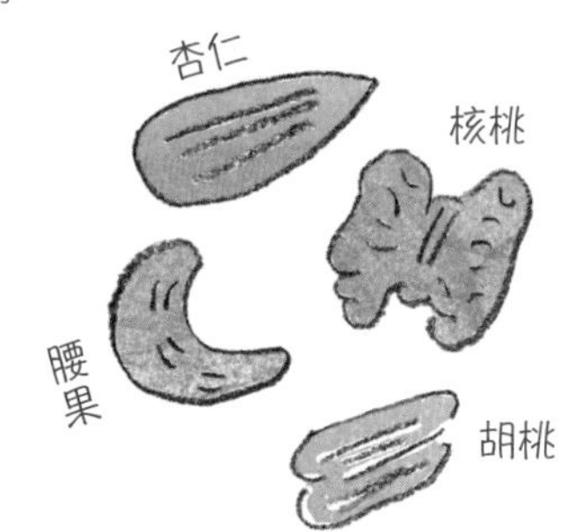


## 納豆 なっとう

在吐司鋪上納豆與起司片，再放入烤箱烘焙，拿出來之後鋪上蔥花再吃，是我個人最愛的吃法。納豆與起司的共通之處在於都是發酵食品，說不定發酵食品彼此都很對味。在我還住在京都的時候，身邊很多人都不愛吃納豆，所以我只好一個人躲起來偷偷的吃。

## 印度烤餅 ナン

與咖哩一同上桌的印度烤餅。在印度、巴基斯坦這類國家，遇到用手撕開的肉類料理、湯品或其他料理時，都會搭配這款印度麵包。

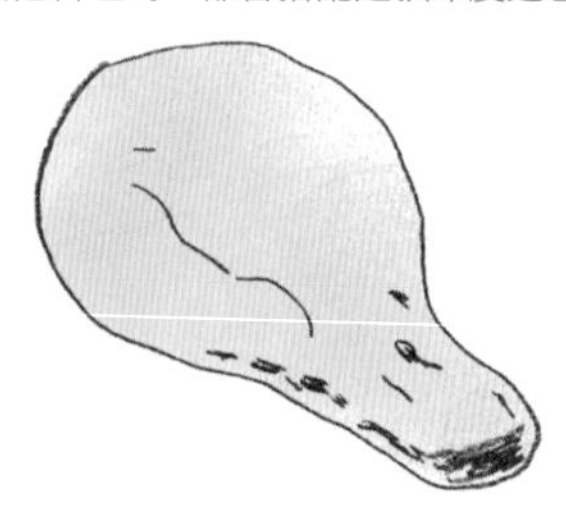

## 味道 におい

走在空氣清新的早晨裡，不知從何處飄來的麵包香味，正洋溢著整條街道。循著香氣走到麵包店之後，一口氣買了一大堆麵包是常有的事。這充滿魅惑的香氣在麵包剛烤好之際，是由麵包外皮與內裡共譜而成，慢慢地再成為從整體散發出來的味道。將剛烤好的麵包切開，有時會聞到一股臭味撲鼻而來，那是酒精發酵的味道，因為酒精會在經過一段時間之後才揮發。

## 日本 にほん

從正統的法國麵包、德國黑麵包到印度烤餅，能吃遍全世界各種麵包的國家就是日本了。如果要說，什麼麵包只有日本才有的話，應該是「紅豆麵包」吧[→P31]。紅豆麵包與棍子麵包結合之後，就成了「紅豆奶油」麵包。這種在棍子麵包挾入紅豆餡與奶油的麵包，可同時嚐到硬麵包的嚼感與麵粉的香氣，而柔軟的紅豆餡與略帶鹹味的奶油，則會在口中輕巧地化開。將這種麵包塞滿嘴巴時，我總會聯想到日本人與法國人互相握手的情景。

## 韮山 にらやま

1842年，伊豆韮山（靜岡縣）的代官——江川太郎左衛門英龍，為了替日本士兵準備隨身糧食而烘焙了麵包，這也是日本史上第一次出現麵包烘焙的記錄。為了紀念這件事，韮山從2006年開始，每年都舉辦「麵包始祖的麵包祭典」。會場附近也有被指定為重要文化財產的「江川邸」（江川太郎的老家）。請大家參加麵包祭的同時，也要記得去江川邸參觀。

ⓘ江川邸｜靜岡縣伊豆國市韮山韮山1
☎055-940-2200

## 人氣 にんき

不管受歡迎的程度有多少，我發現廣受消費者喜愛的麵包店都有一個共通之處，那就是「整潔乾淨」，或許這個標準也可以套用在所有的餐廳上。將收銀檯附近整理得乾乾淨淨，顧客才能安心地上門買麵包。

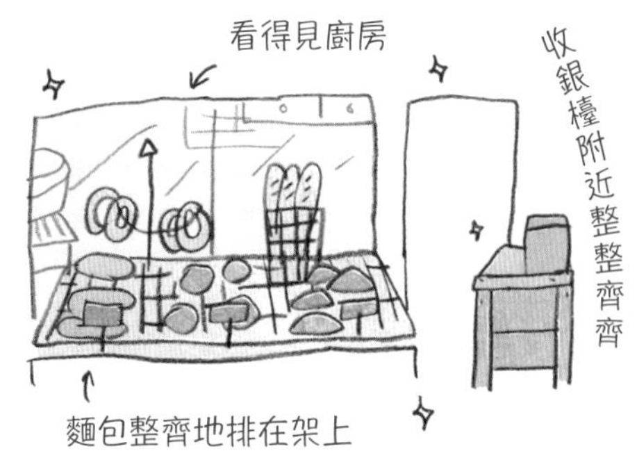


## 能多益 ヌテラ

1960年，由義大利費列羅公司（Ferrero）推出之後，盛譽全球的Nutella榛果巧克力醬。這種巧克力醬不只吃得到巧克力的味道，還蘊含著堅果的香氣，搭配麵包十分對味。

江川太郎左衛門先生「麵包始祖的麵包」重現了當時烘烤的麵包

問(株)伊豆俱樂部
☎055-949-883

## 布 ぬの

讓日常生活變得方便的布製品。在麵包製作過程中，布料的使用方式如下。

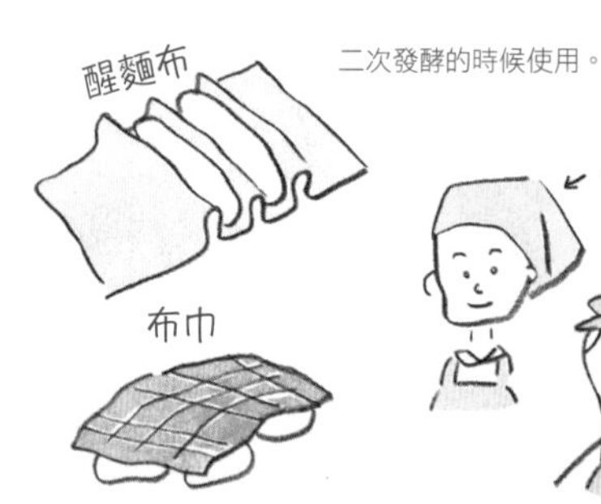


二次發酵的時候使用。

將布巾沾溼，再稍微擰乾蓋在麵糰上，避免麵糰過於乾燥。

在時髦的店裡也可以當成圍巾。

## 粘土 ぬんど

捏黏土與揉麵包的過程十分類似，從陶藝家轉職而來的麵包師傅告訴我：「只是從捏黏土改成捏麵包而已。」在「手工製作」的範疇裡，陶藝與麵包應該是近親。

## 長頸鹿麵包 のっぽぱん

長得像長頸鹿那長長脖子的靜岡在地麵包。奶油內餡是經典的口味之餘，還有超過70種的口味任君選擇。這款麵包的實際名稱為「高個子」，大多數的人都將其稱為「高個子麵包」。長頸鹿麵包在1978年由「沼津烘焙坊」（現(株)Banderole）推出，後續因工廠倒閉而暫停銷售，不過隨著廣大消費者的支持又復活了。

問(株)Banderole｜☎055-934-2800

## 飲料 のみもの

再怎麼喜歡麵包，也不能一直只吃麵包，不然很容易變得口乾舌燥，所以我總是習慣一手拿著飲料，一手吃著麵包。紅豆麵包的話就配牛奶喝、奶油麵包就配黑咖啡、潛艇堡就配紅茶、漢堡就配薑汁汽水……總之我會配合麵包選擇喜歡的飲料。

## 海苔 のり

海苔佃煮只鋪在白飯上吃，實在太浪費了，鋪在麵包或烤吐司上面吃也很美味。將海苔佃煮從頭到尾塗滿整片麵包，然後撒點金芝麻，再撒上起司，然後送進烤箱烤一下，融化的起司就成了麵包與佃煮之間的橋梁，結合出不可思議的好味道。

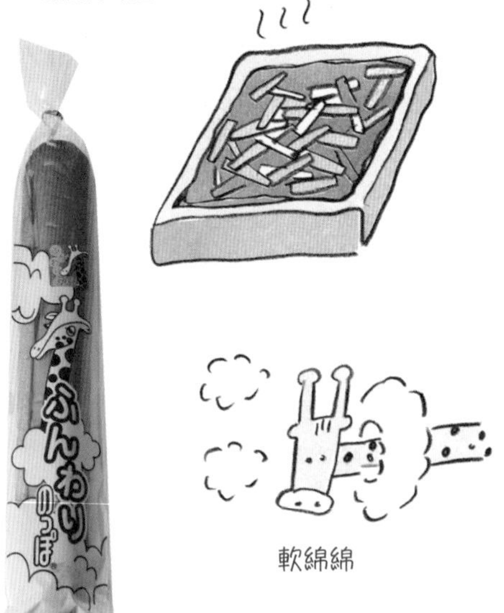

〔專欄〕麵包×魚

# 什麼是「麵包釣鯉魚」!?

宮崎紀幸

眾所周知，麵包是人類的一種食物。不過對一部分的釣客而言，麵包也是一種魚餌，而且專門用來釣日本淡水魚之王——鯉魚。基本上，釣客鎖定的是背部黑色、腹部金黃色且身長60公分以上的大型鯉魚，80公分等級的鯉魚也並不少見。哪裡會有這麼大隻的鯉魚呢？就在您住家附近的河川裡。鯉魚不僅潛游在大型河川裡，小鎮裡的小河小川也能見到牠們的蹤跡。

在住家附近的河川周圍，最適合用來釣鯉魚的麵包就是吐司。用麵包釣鯉魚基本上只是將麵包鉤在釣鉤上而已，所以完全可以省掉將粉狀的臭魚餌捏成一糰的步驟，也不需要觸碰黏黏滑滑的蚯蚓，所有的魚餌都可利用家裡現有的麵包代替。而且釣竿也不用太專業，使用一般釣竿的捲線器即可，不然就去釣具店買一套一千元左右的釣竿與捲線器，一樣可以享受麵包釣鯉魚的樂趣。

接下來要談的雖然是當做釣餌使用的麵包，但其實就是吐司最適合。「日幣200元以下到處買得到的吐司」、「能浮在水面」、「軟硬適中」、「容易辨視的白色」、「散發著小麥與奶油的淡淡香氣」，這些都是吐司為什麼適合釣鯉魚的優點。如果還要多舉幾項的話，那應該就是人類也可以吃吧？只不過，吐司本來就是人類的食物罷了。

不管您是否愛好釣魚，不妨拿著吐司到附近的河川晃晃吧？將撕成小塊的吐司當成魚餌丟到水裡之後，沒過多久大鯉魚應該就會出現。或許可以看到牠張開大口，準備吞食水面吐司的情景。如果您看到此情此景覺得很興奮，下次不妨帶著釣具與水桶再次造訪同一條河。午餐當然是吐司，而且別忘了帶上喜歡的抹醬與果醬。

宮崎紀幸
自由撰筆人與編輯，為了讓釣客能更輕鬆地利用吐司釣鯉魚，特別參與《麵包釣鯉魚俱樂部》（地球丸・刊）一書的製作。作者本身住在東京都內有名的河畔，隨時享受著釣鯉魚與鯰魚的樂趣。

微笑 微笑

# は行

## 硬實系麵包 はーどけい

完全不使用雞蛋、酥油、砂糖這類副材料、成分極為簡單的麵包。雖然可嚐得到小麥原有的風味，但是這類麵包通常偏硬，請牙口不好的消費者要多加注意。㊎柔軟系麵包㊮簡約麵包

## 香草 ハーブ

一種辛香料。植物的葉子或根莖可為麵包增添特別的味道與香氣。

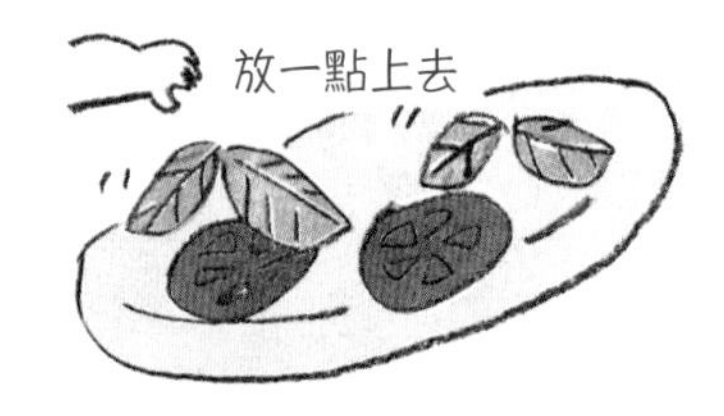


## 派 パイ

將奶油折入麵糰裡的點心。將骰子狀的奶油揉進麵糰之後，烤出來的食品稱為派。雖然與丹麥酥皮麵包[→P101]極為類似，但使用的是低筋麵粉而不是高筋麵粉，而且也沒有經過發酵的步驟（不使用酵母），因此才被歸類為點心而不是麵包。由於麵糰裡包了一堆餡料，與愛亂收集東西的喜鵲（英文為pie）很類似，所以才因此而得名。

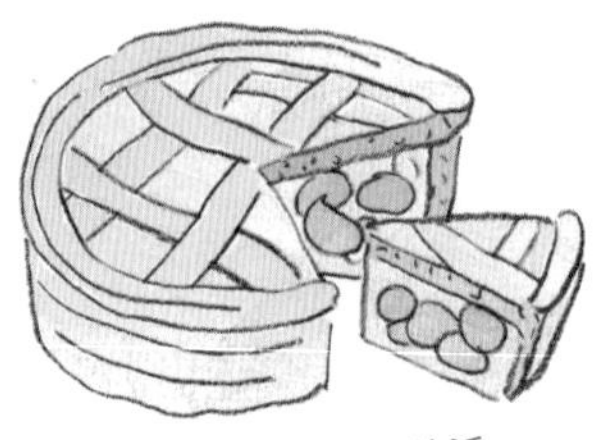

電影《魔女宅急便》裡的派看起來好好吃。

## 福利社 ばいてん

念國中的時候，我最期待去買麵包了。走去藏身在鞋櫃旁邊，看起來昏昏暗暗的福利社，拿到麵包的購買單之後，在想吃的麵包旁邊畫上「○」，然後再交給阿姨。一到中午，班上的麵包負責人就會去福利社統一拿回所有的麵包。軟軟的可樂餅麵包，以及肉鬆巧克力麵包可是當時的經典款。

總之就是暗暗的，從文具到女孩子的運動服應有盡有。

## 打工 ばいと

我曾經在麵包店打過工。第一次是在百貨公司地下街的麵包店，負責的是麵包的製作。由於是在製作麵包的第一線打工，所以半夜起床也不覺得辛苦。早上10點工作結束之後，我通常會去健身房游泳，希望能培養足夠的體力，然後再去另一家麵包店當門市小姐。現在回想起來，我覺得當初的自己真的很努力。當時的心情雖然已經都忘光了，也不記得那時的自己在想什麼，不過，我覺得這就是所謂的「青春」吧！

## 菠蘿麵包 パイナップルパン

表面如鑽石切面酥酥脆脆，裡頭卻十分鬆軟的麵包，是一種長得很像哈蜜瓜麵包的甜點。由於外表長得很像「鳳梨」，所以被稱為「菠蘿麵包」（廣東話的鳳梨叫「菠蘿」）。麵包放冷後，在旁邊切一道刀口，再將奶油挾進去，就成了廣東人口中的「菠蘿油」了。

## 越南三明治 バインミー

越南的經典三明治，主要是在法國麵包裡挾入肝醬、火腿、甜醋醬菜、香菜這些材料，是女性絕對會上癮的美食。我覺得香菜是越南三明治之所以大受歡迎的原因。

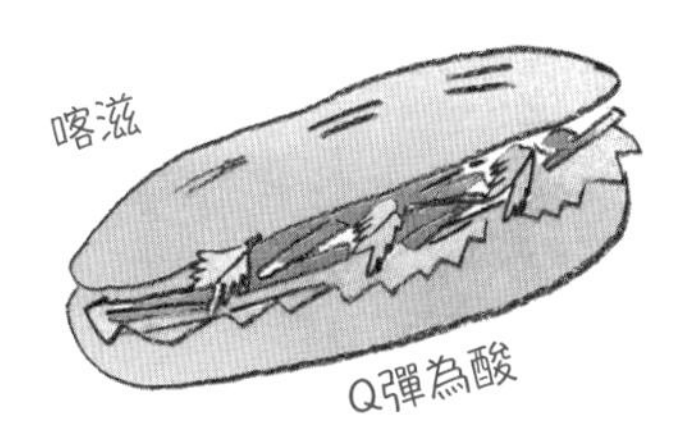


## 糖粉 パウダー

裝飾麵包外觀以及最後收尾時，都會撒上一點糖粉。當麵包的餘熱消散，形狀也固定之後，在麵包上方鋪一張鏤空的紙，然後將茶濾網裡的糖粉撒在上方。不過一般的糖粉過一段時間之後就會熔化，所以請使用專門修飾用的糖粉。光是撒上一點點糖粉，你看，是不是讓人刮目相看呢？簡直就是美人麵包嘛！

## 磅蛋糕 パウンドケーキ

常在麵包店看到的烘焙甜點，主要是利用麵粉、奶油、砂糖、雞蛋各一磅（約450公克）製作，所以才會被稱為「磅蛋糕」。在基本的麵糊裡，摻入芥子果實與奶油起司塊就能烤成磅蛋糕。我特別喜歡某家麵包店製作的這道隱藏菜單。

## 年輪蛋糕 バウムクーヘン

バウムクーヘン（baumkuchen）是德國的傳統甜點。baum是「樹木」，而kuchen則是「蛋糕」。這款蛋糕最明顯的特徵就是剖面看起來像樹的年輪一樣，可以一層一層剝下來慢慢品味，也能一口咬下，大快朵頤一番。

## 包子 パオズ

包子是中國輕食點心之一。將麵粉與酵母、水揉拌成麵糰之後再蒸熟的中國麵包，可分成肉包、甜包子或小籠包這幾種。裡頭有放餡料的稱為「包子」，沒放餡料的稱為「饅頭」。

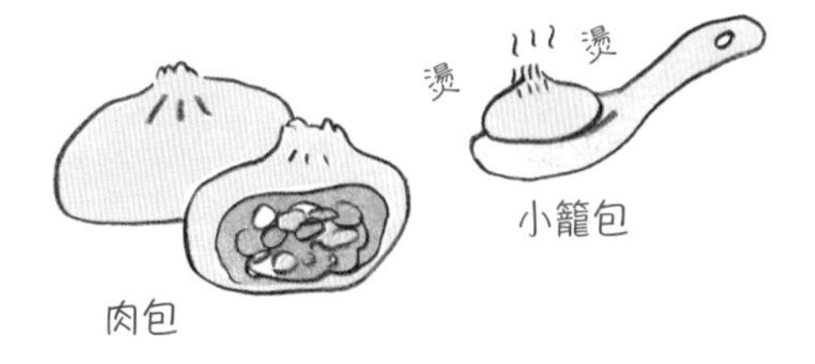

## 博物館 はくぶつかん

如果想更了解麵包的來龍去脈，就去一趟博物館吧！除了一些基本知識之外，就連歐洲一帶常用的麵包製作工具或家具，都能在博物館看到。

ⓘ麵包博物館｜2015年2月已結束營業。

我曾去拜訪1979年創業的大型麵包製造商，在北歐人大宅裡設立的麵包博物館。館內的陳列物大部分來自斯堪地那維亞地區，都是一些與麵包有關的道具或歷史文物。

↑正在製作麵包還帶我們進入室內參觀的福田智明部長

廚房的精靈「TOMTEN」到處出沒。

耶!!

製作麵包的道具

館內有許多非常珍貴的道具。據說是走遍歐洲各地才收集到的。

突然映入眼簾的彩繪玻璃

心動

可以掛一堆麵包的架子

是不是很像《小黑人桑波》裡的厚煎鬆餅呢？

轉動

哇

將麵粉袋拉平的機器

很像早期的洗衣機。

各式擀麵檯與滾輪
我很喜歡這種看起來像是「專家用」的工作檯以及麵包架。

麵包的歷史
麵包的誕生
麵包的發展

從麵包的誕生到近代的麵包為止，
都利用精美的模型介紹。

還展示了各種這裡才買得
到的麵包。

約有65種早期的麵包代表選手

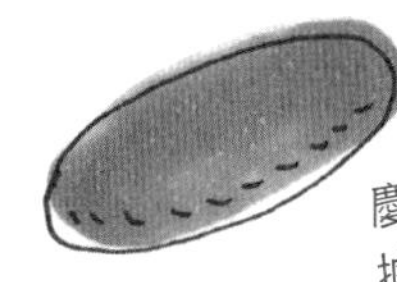

繁榮麵包

慶祝懷孕的麵包
據說是披薩的原型。

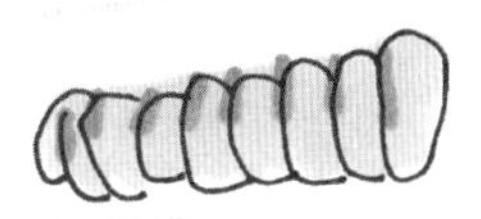

8斤麵包

8個麵包並聯的麵包，可自行填入肉類或蔬菜這類食材，可以當成前菜食用。

罪的麵包

當罪孽深重的人過世之後，配著啤酒一起吃的麵包。

充滿麵包的
生活

如果能收集到保存麵包的箱子或其他道具，麵包生活一定會變得更豐富！

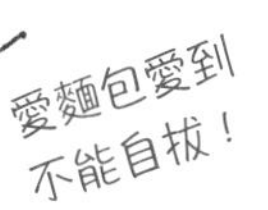

愛麵包愛到
不能自拔！

想要更悠哉的生活

好像
很重…

麵包或蛋糕的
外箱，日本叫
「岡持」

居然有鎖！

用來保存
法國麵包的
餐櫥

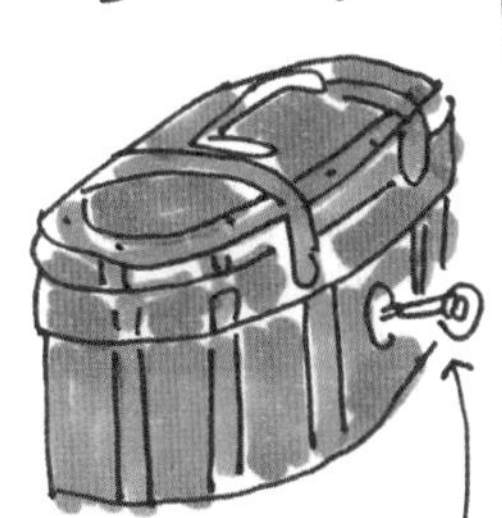

手提式麵包容器
居然有鎖？

木製
麵包盒

據說是男性送給女性的
愛情信物…

## 長棍麵包 バゲット

法國最常吃的麵包，パウムクーヘン（baumkuchen）的意思就是「棍子」。據說烤好之際發出的「啪啪」聲，就像是「天使在拍手」一樣，也是麵包烤得完美的證明。

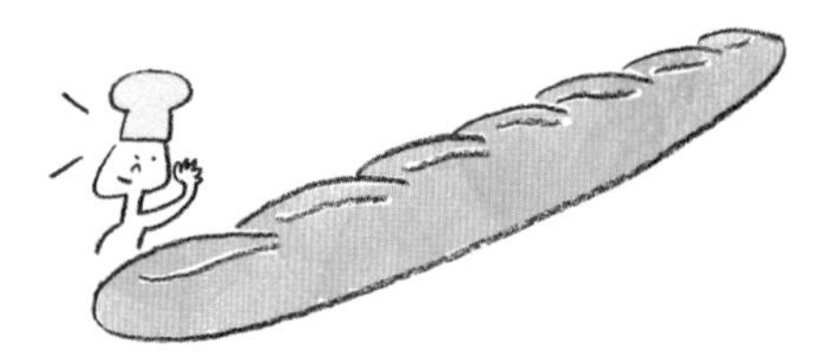

## 義大利麵 パスタ

點義大利麵套餐一定會附麵包，大致上都是將棍子麵包切成小塊，然後以兩個籃子呈上。吃麵包的時候不可以直接一口咬下，要撕成小片再吃才符合餐桌禮儀。掉在桌上的麵包屑可以放著不管，剩下的義大利醬汁可以用麵包沾著吃，這不算是不禮貌的舉動，所以就利用麵包將醬汁吃得乾乾淨淨吧！

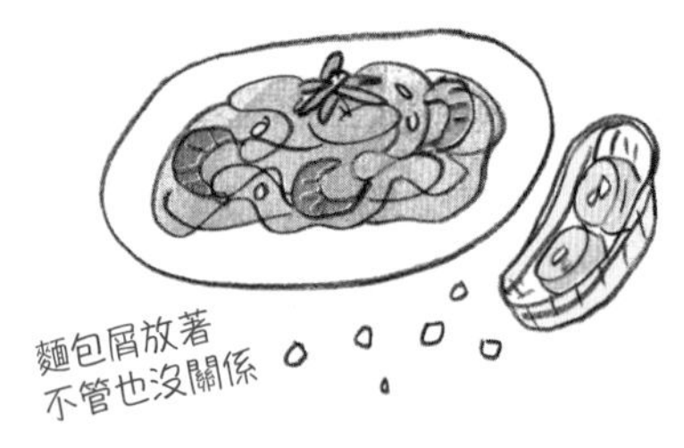


## 奶油 バター

常當成製作麵包的材料使用，也可以塗在烤吐司上，總之就像是麵包的好朋友一樣。大致可分成發酵奶油、無發酵奶油、鹽味奶油、無鹽奶油，日本的主流是無發酵奶油，但法國常用的是讓牛奶乳酸發酵製成的發酵奶油。就我個人而言，當我陷入極端的疲勞時，喜歡塗上一層厚厚的奶油，並且撒上砂糖的烤吐司。

## 奶油盒 バターケース

能完整收納奶油的盒子。雖然將奶油收在這種盒子裡，還是得放進冰箱冷藏，不過另有能在常溫之下保存奶油的「奶油儲存罐（Butter Bell）」。這種容器能讓奶油與空氣隔絕，隨時保持柔軟的狀態，但是為了避免奶油腐敗，得定期將裡頭的水換掉。這款容器可說是冰箱尚未發明之前的劃時代奶油保存利器。

## 短棍麵包 バタール

與長棍麵包相較之下，batard這款麵包的體型較為短小，其名字蘊含著「中間」的意思。由於內裡[→P66]較為厚實，所以很適合喜歡柔軟口感的消費者購買。

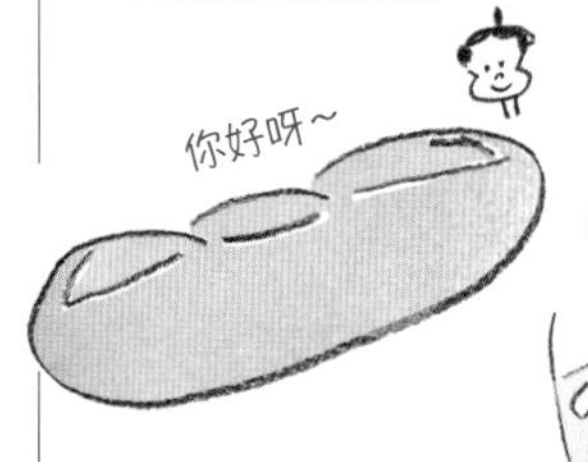


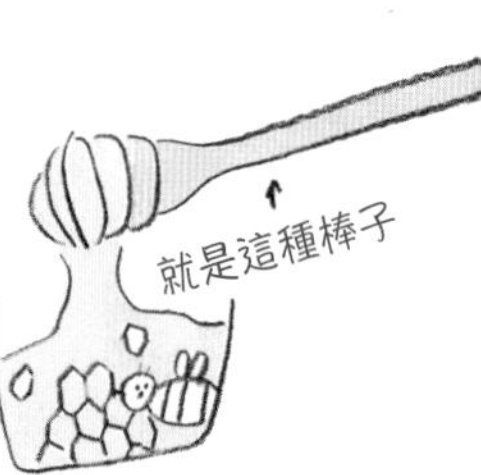


## 蜂蜜 はちみつ

蜜蜂與花兒一同生產的好滋味，做麵包的時候加一點，能做出溼潤有彈性的麵糰。常常看到的這種棒子叫作「蜂蜜攪拌棒」。

## 麵包袋夾子 はっぐ・くろーじゃー

將吐司袋口封緊的塑膠器具。

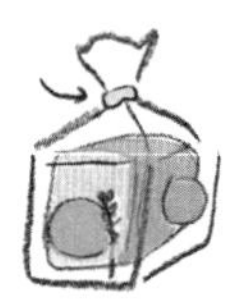

## 發酵 はっこう

酵母（Yeast）將麵糰裡的糖分分解，釋放出酒精與碳酸氣體的過程。其原理與「腐敗」一樣，但是對人類有益時，就稱為「發酵」。



### 『發酵的原理』



酵母小子跳進麵糰之後開始吃糖。



快速地製造大量的碳酸氣體與酒精。碳酸氣體會讓麵糰膨脹，酒精則可讓麵糰變香。酵母小子在30℃左右的環境裡最為活躍。

10℃以下，酵母小子就睡著了。



60℃以上…酵母小子就死光了（烤麵包的時候）

## 發酵點心 はっこうがし

使用酵母取代烘焙粉發酵的甜點。由於糖分較高，所以較為耐放。通常會在麵包店看到這類甜點，而不是在蛋糕店。法國的咕咕霍夫蛋糕[→P65]、義大利的潘娜朵妮[→P121]、史多倫[→P87]都屬於這類甜點，而且多數時候都是用來慶祝特別的日子。

## 肝醬 パテ

Pâté由切碎的肉品與魚肉凝固而成的食品。可塗在麵包上一起吃。

## 蝦多士 ハトシ

蝦多士是長崎的名產，是將蝦泥挾在吐司裡，再放入油鍋油炸的麵包。廣東語的蝦念成（HA），多士則是「Toast」的意思。據說這道名產源自中國，在明治時代從長崎傳入日本。與開胃小點心[→P53]十分類似。

## 香蕉 バナナ

1991年山崎麵包公司[→P159]推出的暢銷商品「整根香蕉蛋糕」，是一種將生奶油，以及整根香蕉塞進海綿蛋糕的甜點。我的母親特別愛吃這款蛋糕，只要去超市，就一定會不自覺地將它放入購物籃裡。我不太敢吃香蕉，所以對這款蛋糕敬謝不敏，但是對於能長期虜獲母親味蕾的味道，倒是好奇得不得了。

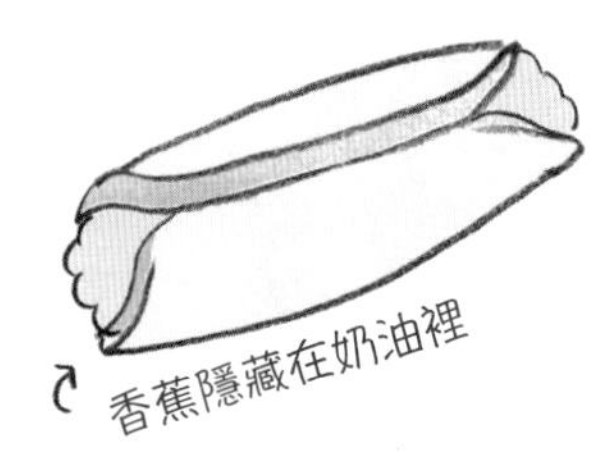


## 帕尼尼 パニーニ

只要是在麵包裡挾食材的三明治，在義大利一律稱為「帕尼尼」。「panino」為單數型，「panini」為複數型。在日本提到帕尼尼，大概就是指在挾了食材的麵包表面烙上斜條紋的熱三明治。可以在麵包裡挾入各種愛吃的食材，例如火腿、起司、萵苣，尤其是挾入羅勒這項食材時，頓時覺得自己搖身一變成為義大利人了。

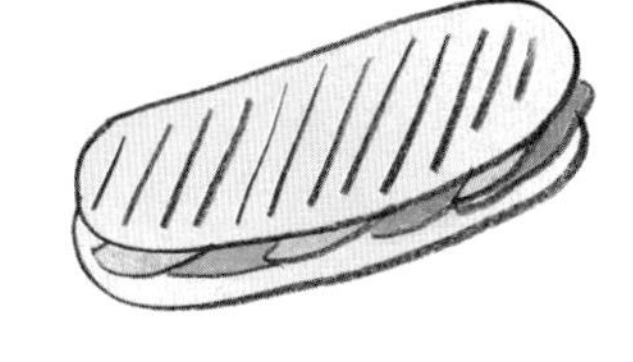

## 發酵藤模 バヌトン

讓法國鄉村麵包這類大型麵包發酵時，通常會用到這個發酵藤模（banneton）。由於會先在模型底部撒上手粉，再將麵糰放進去，所以發酵完成的麵糰就會印上藤模的紋路。就圖中的模型而言，會印出一圈又一圈的紋路。

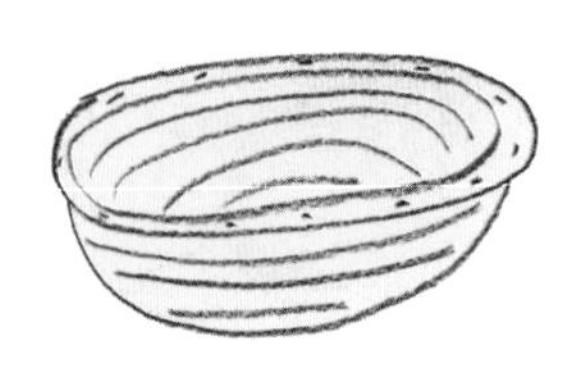

## 潘娜朵妮 パネトーネ

雖然是源自米蘭的聖誕發酵點心，如今已經普及成一年到頭都可買到的甜點。最大的特徵在於乾燥水果以及鬆軟的口感，是很適合在派對出場的食物。

## 芬蘭酸味麵包 ハパンリンプ

happan是「酸味」的意思，limppu則是「海蔘」（取其條狀之意）。happan limppu這款麵包除了酸味之味，還蘊含了甜味，所以不看外表也吃得出來是裸麥麵包。請切成薄片之後再享用。

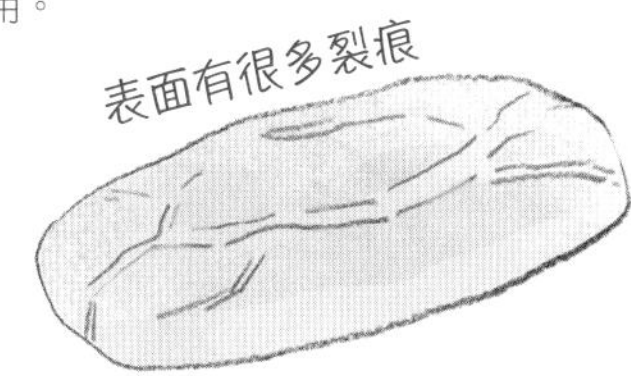


## 早睡早起 はやねはやおき

麵包店的師傅們都知道這個道理。他們的起床時間通常凌晨1點～4點之間，而就寢時間則在晚上8點～12點左右。起床的時間大概都是固定的，但是睡覺的時間每天卻都不一樣。為了能多睡一點，大部分的麵包師傅都會在工作告一段落之後打個盹。我開始採訪麵包師傅之後才發現，原來他們下午的時候都在睡覺，所以最好是一過中午沒多久就要去採訪。

## 風味麵包 バラエティブレッド

風味麵包也是一種餐點麵包，但與當作主食的白吐司與餐桌麵包不屬同一類。不同的國家對於風味麵包的概念都不一樣，所以風味麵包的樣式與種類也無法特定。真要說的話，大概就是指摻有裸麥、雜糧、南瓜籽或乾燥水果的麵包。

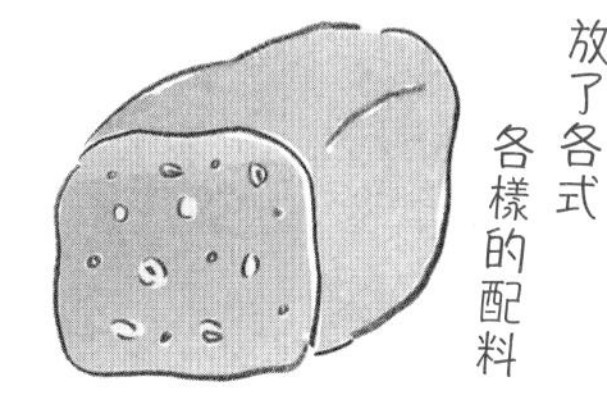


## 玫瑰麵包 ばらぱん

外觀像玫瑰的麵包，是島根的在地麵包。將山型吐司切成細條，挾入自製的奶油後再捲成圓圈，就是玫瑰麵包了。據說這個麵包一直遵守著創業之初的製作方法製作，味道可分成玫瑰、白玫瑰（撒了砂糖）、咖啡與草莓這四種。

---

問(有)NANPOU麵包｜☎0853-21-0062

## 巴黎 パリ

說到麵包就想到法國。為了麵包我曾去過兩次法國，不過發生的事情太多，回過頭來才發現，根本沒能靜下心來好好地品嚐麵包。但是就個人的淺見而言，法國每個角落的可頌吃起來都是那麼地酥鬆美味，這還真是令我意外。還有，我在當地常常被誤認為是中國人。

# 有關巴黎的回憶

## 麵包

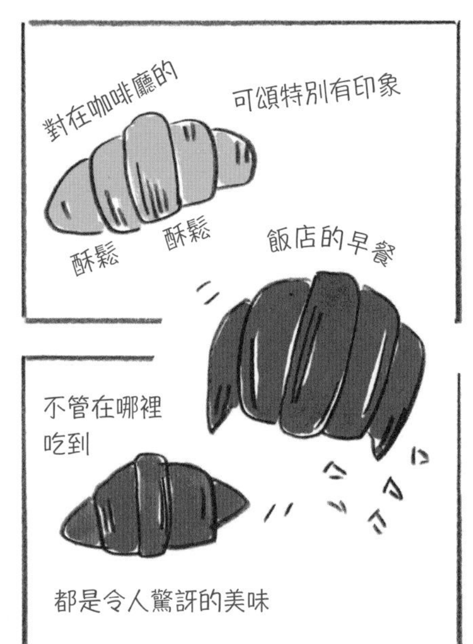


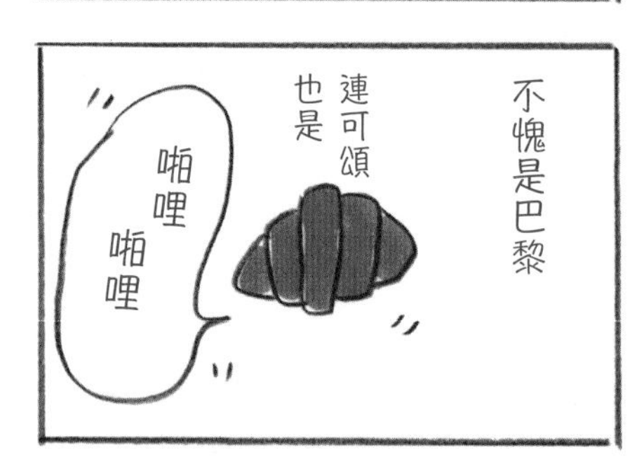


## 扒竊

稍事休息一下

## 麵包2

正準備與
朋友會合

糟了!!
忘了飯店
的名字了

該怎麼辦？
六神
無主

先吃點麵包
再說

## 短麵包

我遇見一位
在包包裡放了
短麵包的
攝影師大叔
您好

一邊玩翹翹板
一邊替彼此拍照

接吻的日文
要怎麼說？
他問我

seppun
我這樣告訴他

## 巴黎長棍 パリジャン

パリジャン（parisien）是「巴黎之子」的意思，前陣子還是法國最主流的餐桌麵包。最大的特徵就是比棍子麵包還要大一號的體型，看起來就像是棍子麵包裡的老大。

## 法式巧克力麵包

パン・オ・ショコラ

這款麵包就是在正方形的可頌裡，包入巧克力塊的甜點麵包。我覺得吃的人會因裡頭巧克力的等級而有不同的滿足感。

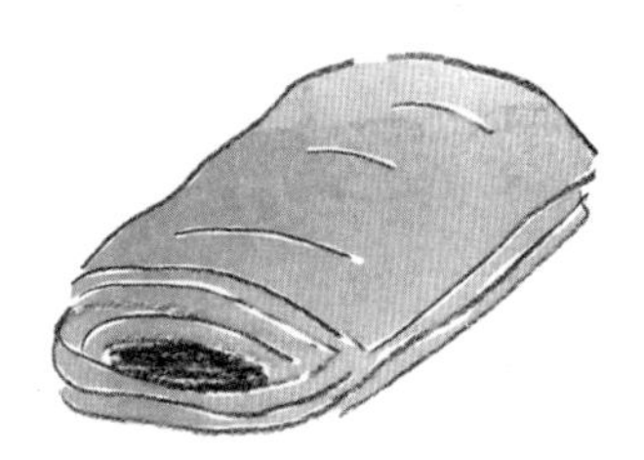

## 裸麥麵包

パン・オ・セーグル

Pain au seigle是摻有裸麥的法國麵包。裸麥不會形成麥麩，所以麵糰不會太發，做出來的麵包也比較紮實厚重。裸麥麵包的名稱會隨著裸麥的比例而改變，例如比例在65%以上的稱為「黑麥麵包（pain de seigle）」，而比例在65%以下的稱為裸麥麵包（pain au seigle）。對日本人來說，比例在30%左右的裸麥麵包比較容易入口。

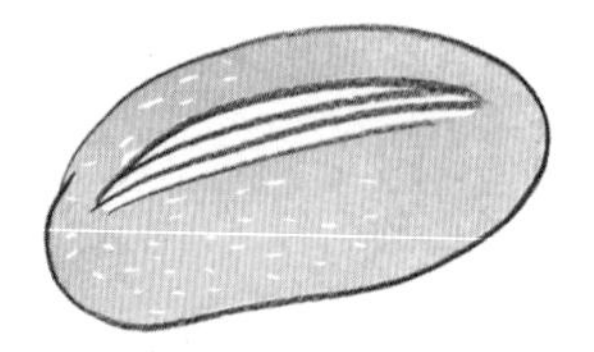

## 龐多米吐司 パン・ド・ミ

Pain de mie的mie是「內裡」的意思，相對於以外皮為重點的棍子麵包而言，這款麵包可被稱為「以內裡為主的麵包」。輕盈的口感與豐富的香味都是這款麵包最大的特徵。

## 洛代夫麵包

パン・ド・ロデヴ

這款麵包起源於南法的小街「洛代夫（lodeve）」，所以因此得名。不過當地較熟悉的名字反而是「Pain Paillasse」。這款麵包使用大量的水製作麵糰，不加以塑形就直接放入烤箱烘烤。由於含有大量水分，所以麵糰的製作也變得十分困難。烤好之後的麵包外皮很酥脆，而充滿氣孔的內裡則擁有Q彈的口感。不容易腐敗的特性，即使到隔天也都能吃到很棒的味道。

## 麵包粥 ぱんがゆ

將撕成小塊的麵包泡在牛奶裡熬煮而成的粥，可以給小寶寶當成副食品，也可以在食慾不振的時候吃。

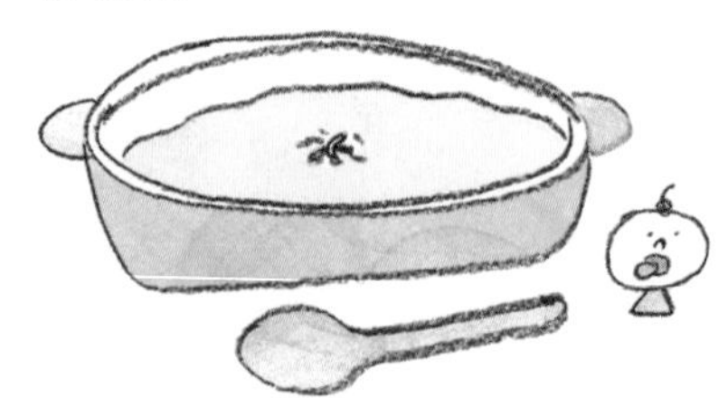

## 麵包Q ぱんきゅー

這是由「永田麵包」的社長永田秀人帶領的爵士樂團的名稱，活動範圍為福岡。目前成員有六位，主要演奏的是美國早期的爵士樂。

## 吃麵包比賽 ぱんくいきょうそう

運動會競賽項目之一就是將麵包吊在半空中，用嘴巴把麵包扯下來之後，再往終點奔跑的吃麵包比賽。有一說是1874年，「海軍兵學寮」的運動會為了消化做失敗的紅豆麵包而特別舉辦這項比賽，另有一說認為1896年，「札幌農學校（現北海道大學）」運動會的「吃甜點競賽」是這項比賽的雛型，總之這項比賽的起源眾說紛云就是了。如果舉辦的是非運動會的活動，會為了要省掉將麵包吊在半空中的麻煩而直接將麵包放在盤子上，讓參賽者在不使用雙手的條件下，將盤子裡的麵包全部吃完。

## 盤古大陸 パンゲア

パンゲア（pangea）就是遠古時代的超級大陸。



## 鬆餅 パンケーキ

將雞蛋、牛奶拌入麵粉，攪拌成麵糊後，再倒入平底鍋煎成的蛋糕。進入復活節的時期，英國某些地區還會舉辦以平底鍋盛著鬆餅賽跑的比賽。

## 印章 はんこ

在福岡的小金丸彫刻工業（株）印章店的店門前面，每天都會有不同的麵包店來擺攤，而這個活動的名字也叫作「印章店de麵包店」。據說會有如此淵源，是因為印章的印（日文念han）與麵包的「pan」很接近。在百年印章老舖的門前居然會有麵包叫賣，真的很令人意外，因此引來不少人駐足圍觀。

ⓘ小金丸彫刻工業(株)
福岡市中央區
天神1丁目13-19
☎092-751-1636

## 麵包粉 ぱんこ

將麵包揉得粉碎就是麵包粉，可當成炸物或肉類料理的「漿糊」。而日本則將麵包粉分成以吐司製成的「生麵包粉」，以及讓「生麵包粉」經過乾燥製成的「乾燥麵包粉」。

## 麵包釣鯉魚 ぱんこいくらぶ

以吐司釣鯉魚，輕鬆自在的河畔之旅。詳情請參考P.111。

## 麵包饅頭 ぱんじゅう

在半圓形的饅頭裡放入紅豆餡的鄉土甜點。有人認為是一種烤得像麵包的饅頭，也有人說是一種揉合麵包與饅頭的甜點。

## 泛星彗星

ぱんすたーずすいせい

夏威夷的泛星天文望遠鏡於2011年發現的彗星（Pan-STARRS）。

## 思想 パンセ

①Pensée是法語「思想」的意思。②布萊茲帕斯卡爾（Blaise Pascal）的手稿編撰成冊的書名。

## 集電弓 パンタグラフ

是指電車的這個部分，從線路收集電力的集電器。

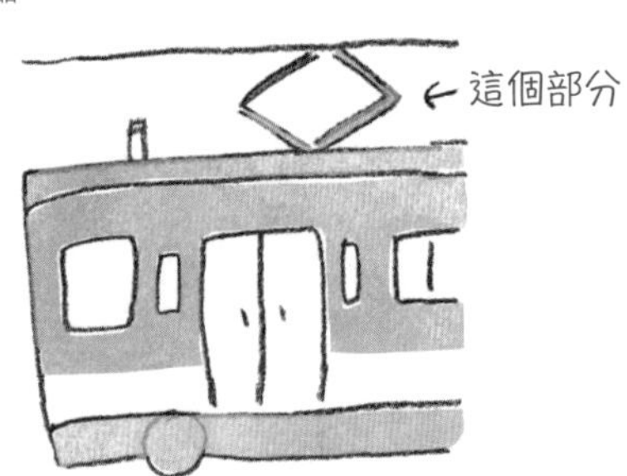

## 揉打 ぱんち

在發酵過程中折疊或按壓麵糰，讓麵糰裡的空氣減少，提高麵糰彈性（變形也能恢復原形的力量）的步驟。就像是被打倒很多次也能重新爬起來的人一樣。

## 萬神殿 パンテオン

祭祀所有天社的神殿，以羅馬、法國兩地的萬神殿最為有名。

## 半熟凹蛋糕 パンデロー

Pao de lo是葡萄牙的傳統甜點，有烤得溼潤的，也有烤得蓬鬆的類型，每個地區的烤法也不盡相同。據說這也是日本蜂蜜蛋糕的雛型。

## 潘多酪黃金麵包

パンドーロ

這是大量使用雞蛋與奶油製成的聖誕節發酵甜點。其配方極為豐富，完全不會令「黃金麵包」這個稱號蒙羞。

## 默劇 パントマイム

パントマイム（pantomime）這個單字的語源來自希臘語，意思是「模仿所有的東西（pantomimos）」，是只有身體的動作說話的藝術。

## 食品儲藏室 パントリー

與廚房鄰接，保存食材的倉庫，稱為食品儲藏室。

## 泛美航空 パンナム

「泛美航空（PANAM）」是「Pan American World Airways」的縮寫，是一家美國的航空公司，目前已經倒閉。其設計精美的海報與周邊商品，至今仍有狂熱的收藏家蒐集。

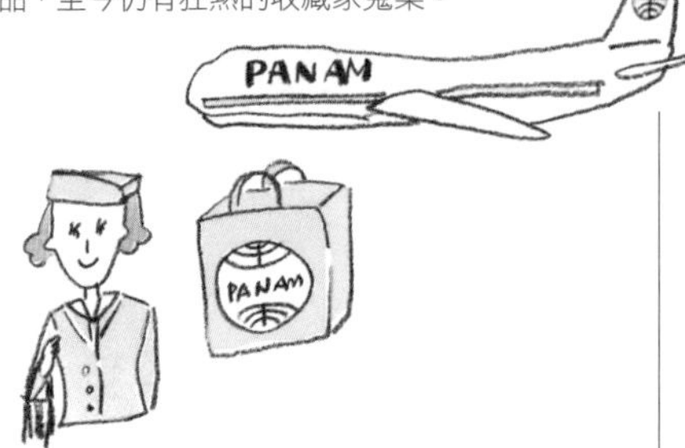


## 麵包會 ぱんのかい

①1993年～2005年之間，由麵包愛好家渡邊政子小姐主持的麵包同好會，我也有幸參加。②明治末期由唯美主義派的青年藝術家所組成的懇談會，其性質就像是藝術家們每天晚上聚在一起交流的沙龍一樣。

## 漢堡 ハンバーガー

在圓型的麵包（日本以複數型的「Pans」稱呼這種麵包）裡挾入肉餅的三明治。據說漢堡是於1904年美國聖路易斯舉辦的萬國博覽會誕生的。

## 肉餡麵包 ぱんふぁるしー

「farce」在法語裡是「填充」的意思。Pan Farce這種肉餡麵包指的是將棍子麵包的內裡挖掉，將肉餡塞進去，再切成圓片的麵包。也有將切邊的吐司稍微烤一下，將中央的麵包內裡挖掉做成盤子狀，將肉餡填進去之後，再放進烤箱烘焙的類型。外觀看起來十分華麗，常在派對裡看到這種麵包。

## 麵包布丁 ぱんぷでぃんぐ

將麵包填滿模型，然後倒入布丁液烘烤而成的甜點。通常會使用沒吃完的麵包製作，收集到各種類型的麵糰再烤，也是一件很有趣的事情，而且也很美味。

## 麵包花 パンフラワー

利用黏土捏成的花，黏土除了可以捏成花，也能捏成人偶之類的造型物。據說在發源地的墨西哥是真的拿麵包來捏成花。

## 小手冊 パンフレット

Pamphlet指的是公司簡介或店面傳單這類紙本的宣傳媒體。

## 樹頭麵包 パンペルデュ

「Pain perdu」是法語「曾失去的麵包」的意思，是一種將變硬的麵包浸在牛奶與雞蛋混拌而成的汁液裡，再放入烤箱烘焙的麵包。

## PANPON ぱんぽん

用筆記本大小的板子當球拍，將軟式網球互相回擊的一種運動。據說是大正10年的時候，於茨城縣日立製作所的工廠誕生的。

## 麵包豆 ぱんまめ

在愛媛縣東予地區習慣將「麵包豆」當成慶典贈品的習俗，蘊含著希望來賓能「認真有朝氣地度過每一天」的願望。

## 半成品麵包 はんやきぱん

只烤到快要上色之前的麵包就稱為半成品麵包。餐廳或麵包店可將半成品麵包放在冰箱冷凍保存，等到要用的時候，再烤到麵包上色的程度即可。這種麵包的做法起源於美國，所以又稱為「 brown and serve」的製法。

## 麵包實驗室 ぱんらぼ

Pan Labo是每個月決定一個主題，由撰稿人池田浩明先生召集麵包愛好家、現役麵包師傅、設計師、編輯，一同討論「麵包為何物」的研究所。其研究成果會在《Panic7Gold》月刊和部落格上發表。乍看之下是很冷酷的團體，但其實卻是滿腔熱情的一群人。

ⓘPan Labo | https://panlabo.jugem.jp

## 花生醬 ピーナッツバター

以花生製作的醬或是配料，可厚厚地塗在麵包上再吃。如果覺得不夠甜，還可以再補上一層水果或是果醬。蘋果＋花生醬是我們家最經典的吃法。

## 啤酒 ビール

啤酒又被稱為「液態麵包」，是與麵包淵源已久的飲料之一。據說西元前4000年之前的美索不達米亞人，在加熱麥粥的時候無意間摻了酵母，麥粥發酵之後就變成世界最早出現的啤酒了。

## 糖漬果皮 ピール

Peel是以砂糖醃漬果皮而成的食品，可摻入麵糰裡或是當成麵包的裝飾使用。

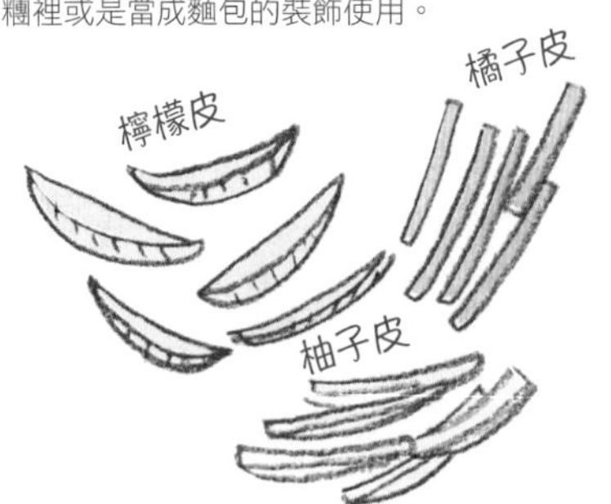


## 野餐 ピクニック

在提到「便當」就想到飯糰的年少時代裡，我常有機會與朋友外出野餐。例如在公園的地上鋪一塊花布，然後分別打開便當享用，猛然一看才發現，有個人已經將捲成長條的三明治一口吃進嘴裡，鼓鼓的臉頰讓我覺得那三明治一定很美味！我這才發現，原來便當不只是飯糰而已，所以我也拜託母親在特別的日子裡做三明治捲給我吃。這真是一種幸福的感覺，光是換個形狀，心情也變得不一樣。

## 比裘先生 びごさん

指的是菲利普比裘（Phillippe Camille Alphonse Bigot），曾與雷蒙卡維[→P166]一同到日本推廣法國麵包（長棍麵包）。

## 披薩麵包 ぴざぱん

直接縮小披薩製成的麵包，擁有鬆軟的口感。拾配薑汁汽水一起吃，感覺就像是美國人一樣。

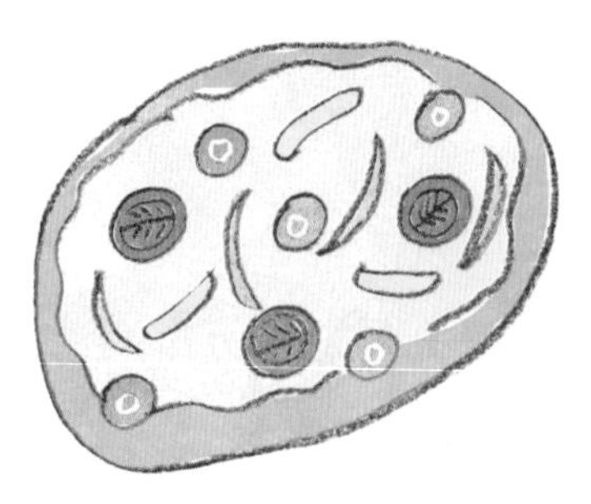

## 羊栖菜麵包 ひじきぱん

在麵糰裡拌入羊栖菜的養生麵包，有的形狀是圓的，有的則做成像煎餅的形狀。將麵包剝成兩半會看到一團黑黑的物體，一開始可能會覺得有點奇怪，不過看久了也就習慣了。日式的調味實在無法讓人不愛。話說回來，我還沒看過在硬麵包裡包羊栖菜的例子。

## 翡翠麵包 ひすいぱん

這綠色真是令人驚豔。在物資缺乏的60年前，第一代的廠長在思考烤焦的麵包該如何處理之餘，想到將日式甜點使用的綠色羊羹，鋪在麵包表面這個點子，而翡翠麵包就因此誕生了。裡頭包有紅豆餡，味道十分清爽美味。

———

㊐清水製麵包｜☎0765-82-0507

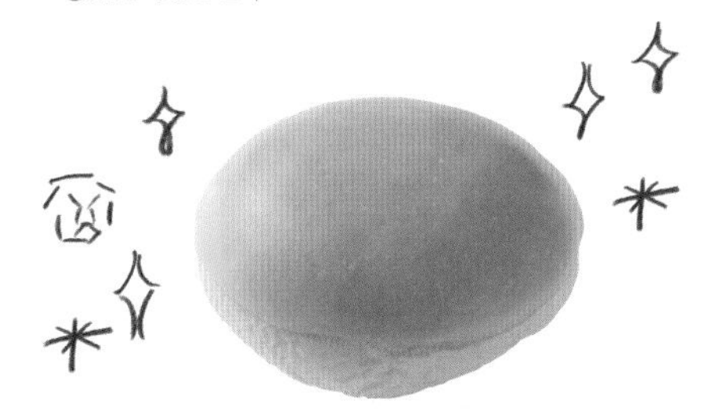

## 餅乾 びすけっと

①據說biscuit的語源是拉丁語的「biscoctum panem」。bis＝二次，coctum＝烘焙，panem＝麵包，組合起來就是「二次烘焙的麵包」。不易腐敗的特性，從古代希臘．羅馬時代開始，就被當成是士兵的糧食和日常備糧。

②鋪在菠蘿麵包表面那層酥脆部分，也被稱為餅乾餅皮。

## 微生物 びせいぶつ

漂浮在空中、肉眼無法看見的微小生物就稱為微生物，大部分是細菌。常用於麵包製作的酵母（yeast）是工業製造，專門用來製作麵包的微生物。而被稱為「天然酵母」的酵母主要由附著在穀物、水果或植物表面的酵母菌培養而成。

## 口袋餅 ぴたぱん

這是全世界麵包的故鄉——中東一帶的麵包。吃的時候，可以在口袋裡填入食材，或是將表面烤得酥脆。據說「pita」原意是希臘語的「派的麵糰」。㊟口袋麵包

## 人 ひと

就像每個麵包都有自己的特性與表情一樣，每個麵包師傅的個性也都不同。而這些個性決定了店內格局、麵包的陳列方式，也會影響店內小物的擺設方式，同時也影響了來買麵包的客人。我不只對麵包有興趣，也對站在麵包後面的「人們」感到好奇。

### 『製作麵包的人』

由男性一人經營的麵包店

這位麵包師傅就像是一位發酵博士，整間店裡彷彿四處飛揚著酵母菌。當然他也很喜歡與發酵有關的酒。

由女性一人經營的麵包店

店裡的氛圍十分親切溫柔，但是麵包卻散發著某種強烈的氣息，口感十分紮實。整間店讓人非常放鬆。

負責銷售的是老婆，
木訥的先生則負責烤麵包

咀嚼麵包的同時，也嚐到麵包店夫婦的用心。我覺得負責烤麵包的先生雖然沉默寡言，但是想說的話全部都包在麵包裡了。

老牌麵包店的大叔

麵包的製作已交棒給店員，自己則在工作室裡彈奏樂器的大叔。

帶著溫柔表情烤麵包的
麵包店師傅

這位師傅烤出來的麵包十分清爽，不鮮明的個性反而成為最明顯的特徵。

## 『吃麵包的人』

媽媽

爸爸

小朋友

某些男性

女性

麵包狂熱者

怎麼吃也不胖的人

一吃就胖的人

## 大樓 びる

穿梭在福岡的大街小巷裡，居然瞄到「麵包會館」這個招牌！我壓抑快要爆發的腎上腺素，走到大樓的門口一瞧，上面寫著「福岡縣麵包會館」這幾個大字。一樓是中小型的麵包店，以及製作營養午餐麵包的烘焙坊所組成的「福岡縣麵包工會」的事務局。戰後沒多久，這個麵包工會就在昭和25年（1950年）成立，昭和34年則興建了這座麵包會館。據說當時福岡的街上，麵包店一家接著一家不斷地開幕。從2樓到4樓則出借給設計事務所、演藝經紀事務所以及古董店。

ⓘ福岡縣麵包會館
福岡市中央區天神5丁目6-12

## 皮羅什基 ピロシキ

皮羅什基（Pirozhki）是在俄羅斯頗有人氣的炸麵包之一。日本雖然很有多炸物，但是俄羅斯烤的東西比較多，因此說是油炸麵包，不如將這款麵包當成麵粉料理還比較切實一點。麵包的內餡主要有肉與蔬菜，但每個家庭或是店面製作的大小或是內餡都不一樣。

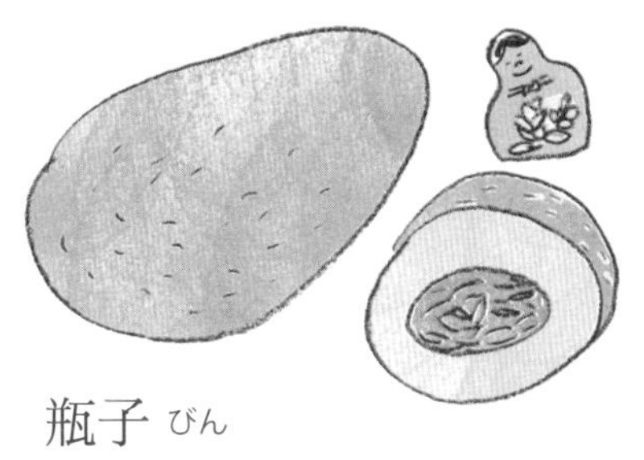

## 瓶子 びん

各種與麵包有關的瓶子都有各自的用途。

酵母用

煮沸消毒之後，放入水果、水、蜂蜜即可製造天然酵母。

材料用

儲存用於麵包的乾燥水果、堅果或是辛香料。

展示用

儲存司康或是餅乾這類的甜點，用於店面展示。

果醬用

煮沸消毒之後，用來儲存果醬。也可用來儲存抹醬或肉醬。

## 時尚 ファッション

去買麵包的時候，總是希望穿著輕便的衣服，輕巧地晃入店裡，買幾個愛吃的麵包，與老闆閒話家常幾句再回家是最理想的了。在旅途中走進麵包店的時候，通常都是拉著重重的行李，所以心情也不是那麼地飛揚。雖然我是喜歡吃厚實類的麵包啦，但行李還是輕一點比較妥當。我總是為了要選哪個麵包而煩惱許久。

在小小的店面裡，一大包的行囊最好用手拿著。

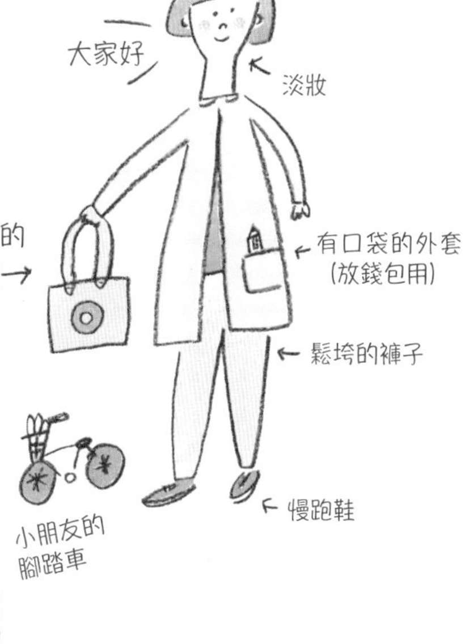

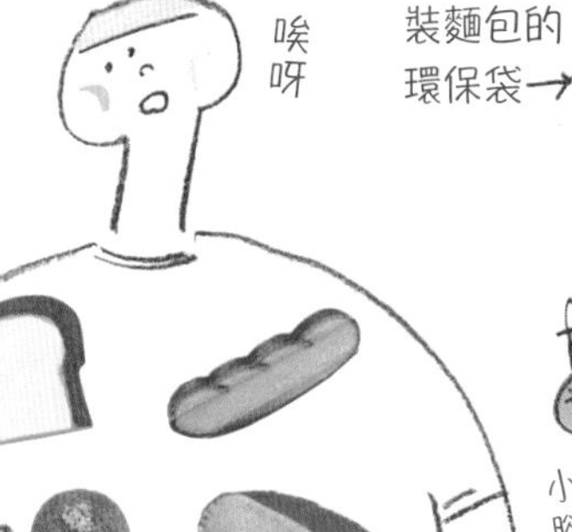

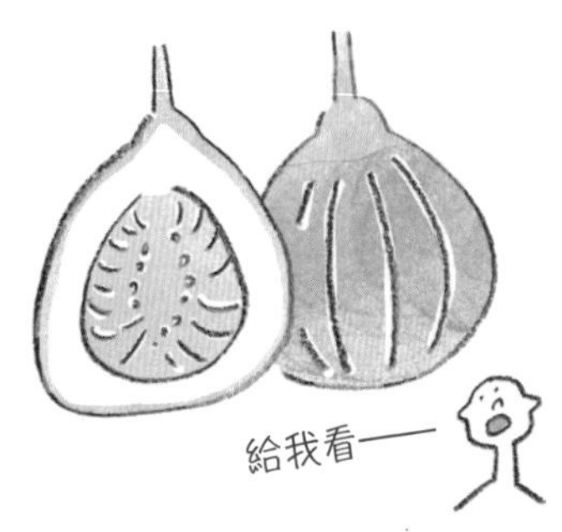


## 無花果 フィグ

Fig和Figue是英文和法文的「無花果」，用於麵包的是乾燥過後的無花果。雖然果實內部藏著無數朵白色小花，但從外面卻看不到，所以才擁有「無花果」這個稱呼。

## 繩子麵包 フィセル

フィセル（ficelle）是「繩子」的意思，是指比棍子麵包更細的法國麵包。由於裡頭柔軟的麵包內裡很少，所以特別適合喜歡吃麵包皮[→P66]的人。

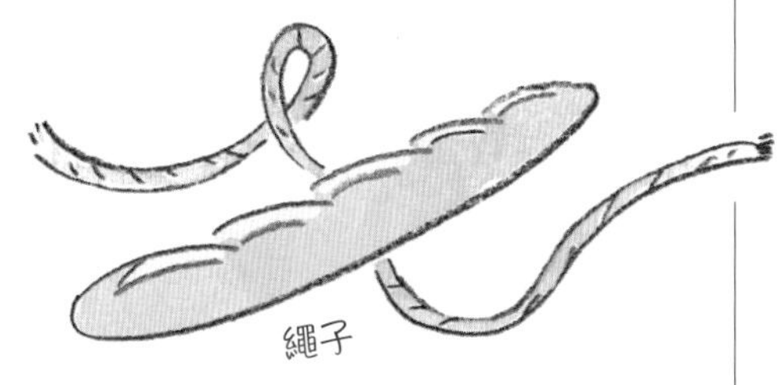


## 法式千層派 フィユタージュ

Feuilletage在法語裡是「奶油反覆折成的派」的意思。某個麵包師傅忘記將奶油折進麵糰裡，事後才將奶油折進麵糰，結果卻意外地製作出這道酥脆的派。原本的失誤被認為是這道點心的起源。

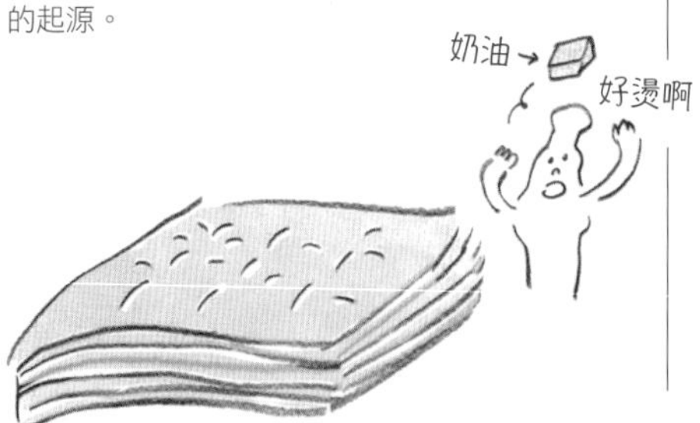


## 內餡 フィリング

包在麵包裡的餡料，甜麵包比較常包餡料，而餡料通常是紅豆泥、果醬、奶油或咖哩。有的麵包店會直接使用市售的餡料，有些麵包店則強調自己的麵包填入了大量內餡，或是以自製內餡為賣點。

## 面具麵包 フーガス

起源自南法、形狀有點怪異的麵包。其獨特的外型被認為是從狂歡節的「面具」或「葉子」演變而來。有的會在麵糰裡放入香草，讓麵包散發喚醒食慾的香氣。

## 麵包店 ブーランジェリー

ブーランジェリー（boulangerie）是法文「麵包店」之意，而麵包師傅則是「Boulanger」。

## 印度炸餅 プーリ

這是一種是加熱之後瞬間膨脹的炸麵包。麵糰的種類與印度麥餅[→P98]一樣，但是在麵糰揉製完成後，會利用擀麵桿將麵糰擀成圓形，最後再放入油鍋油炸。如果擀得太薄，麵糰就無法炸得膨脹，所以稍微擀得厚一點是製作時的小祕訣之一。

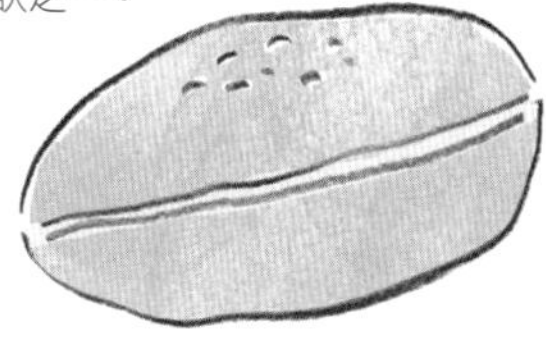

## 法國圓麵包 ブール

ブール（boule）在法文裡是「球」的意思，除了代表法國球型麵包，也是法文「麵包（boulangerie）」的語源。這款麵包的內裡非常蓬鬆Q彈喔。

## 佛卡夏 フォカッチャ

據說佛卡夏是從古羅馬一直傳承至今的麵包，也被認為是披薩的原型。麵包師傅會在揉製麵糰與修飾麵包時使用橄欖油，放上一點迷迭香與橄欖，義大利的景色就輕緩地在麵糰表面展開了。

## 全麥麵包

フォルコンブロート

Vollkornbrot是以裸麥全粒粉為主食材，摻入整顆小麥、大麥與粟子這些穀物的養生麵包。可搭配濃湯一併食用。

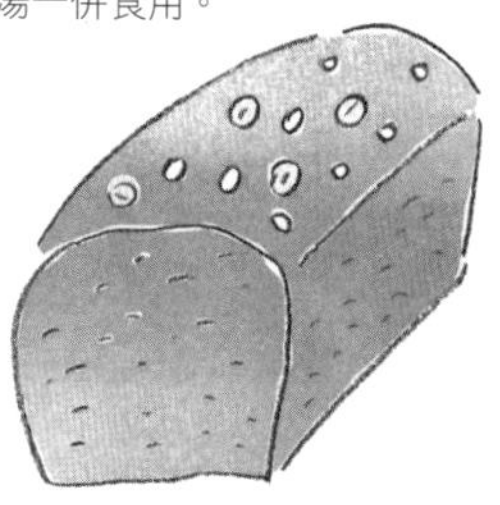

## 翻糖 フォンダン

翻糖是利用砂糖與水熬煮而成，可當成麵包的裝飾品使用，最常見的就是淋在肉桂捲表面。口感滑脆，可以幫蓬鬆的麵包增加另外一個記憶點。

## 法國開口笑 フォンデュ

①Fendu是法語裡「雙胞胎、切口」的意思。以擀麵棍從中央將麵糰擀成兩座山的模樣，是法國開口笑的最大特徵。外皮酥脆，但是內裡卻十分柔軟。麵糰的配方與棍子麵包相同。
②起司開口笑（Cheese fendu）的「fendu」是「溶化（fondue）」的意思。拿麵包沾白酒或起司吃，是阿爾卑斯地區的鄉土料理。

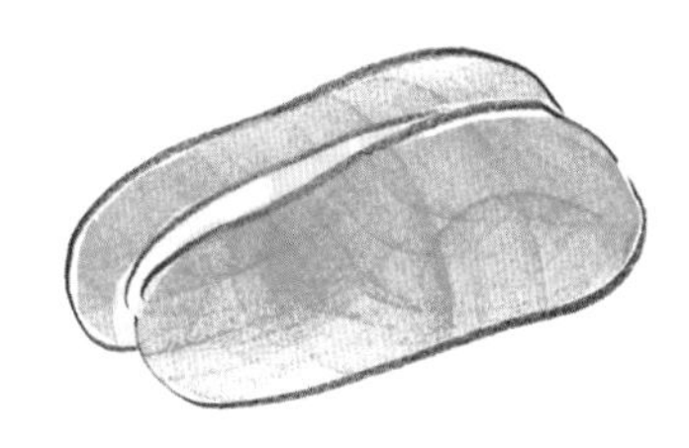

## 福岡 ふくおか

提到福岡名產，就會想到明太子、拉麵、內臟鍋這類充滿陽剛味的料理。常聽到的都是「麵包怎麼吃得飽，還是只有白米飯才夠看」！即便如此，大部分的人應該也去過北九州的三明治專賣店「OCM」。這家店提供了17種食材，消費者可從中挑選兩樣，只需支付金額較高的那一樣，而外層的麵包則採用北九州老店「SHIROYA」的吐司。這家三明治專賣店的老闆無論如何都想提供現烤的三明治，所以一天會去好幾次「SHIROYA」拿麵包，但令人想不到的是，去拿麵包這件事，居然從創業初期的1978年持續到現在。店名「OCM」的意思是「零公分」，也是老闆期許自己莫忘初衷，鼓勵自己持續提供美味的三明治的心願。

---

ⓘOCM三明治工廠
福岡縣北九州市小倉北區船場町3-6
近藤別館2F ☎093-522-5973

分量十足的三明治。最受歡迎的是碎雞肉炒洋蔥原味三明治加上雞肉的組合，我個人則是喜歡原味＋奶油起司的組合。

創業之初就寫下OCM這個店名，發音則讀成當時流行語的「0公分」。

## 福田麵包 ふくだぱん

岩手縣盛岡的靈魂美食。在大型熱狗麵包裡挾入紅豆泥與奶油的「紅豆奶油麵包」非常有名，甚至全國各地都知道這款麵包的存在。整個店面為櫃檯門市，只要告訴店員要在熱狗麵包裡挾什麼餡料，店員就會立刻將餡料挾給消費者。餡料的種類從甜的餡料到家常菜共有60種以上，多到讓人猶豫不知道該選什麼才好。作家南陀樓綾繁曾為「福田麵包」寫了一篇採訪，詳細內容請翻至P45參考。

---

ⓘ岩手縣盛岡市長田町12-11
☎019-622-5896

店內洋溢著50～60年代的美式風格，室內設計充滿了老闆娘美紀小姐的巧思。

## 黑糖三角麵包 ふくれ

黑糖口味的蒸麵包常做成三角形。以前氣到腮幫子鼓起來的時候，我媽就會說「你看看，你整個臉脹得像黑糖三角麵包一樣」！

## 袋子 ふくろ

我有習慣收集麵包店自製的袋子。雖然最近的麵包店都是提供塑膠袋，不過早期的麵包店都是提供紙袋。當店員將剛烤好的麵包俐落地放入紙袋，那真是令人雀躍的一瞬間。

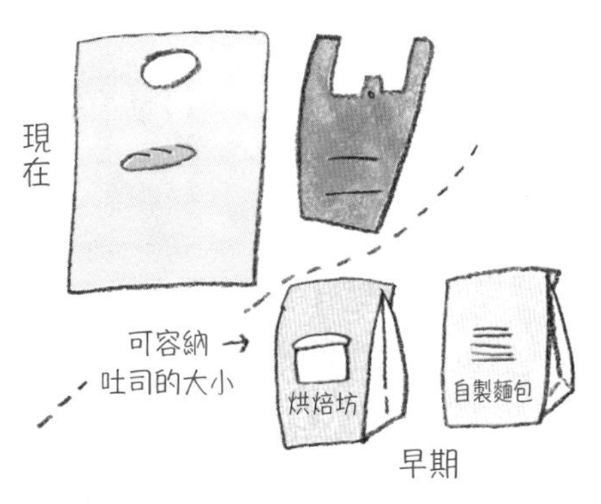


## 袋子麵包 ふくろぱん

指的是便利超商的麵包[→P76]。

## 麩皮 ふすま

指的是小麥外層的麩皮，或是碾去外皮的小麥。麩皮含有豐富的礦物質，加一點在麵糰裡，就能做出美味的養生麵包。

## 葡萄乾麵包 ぶどうぱん

麵糰摻有葡萄（乾）的甜點麵包。我實在不敢吃營養午餐裡的葡萄乾麵包，不過從某個時期開始我居然敢吃了，這款麵包還真是神奇啊！

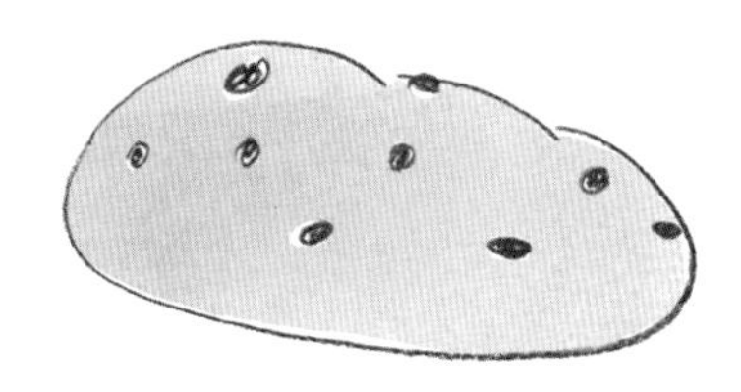

## 平底鍋 フライパン

適合煮、煎、烤、蒸的廚具。即便手邊沒有烤箱，只要有平底鍋就能做出道地的發酵麵包。將平底鍋炒好的餡料挾在麵包裡，當成麵包派對的餐點應該是個不錯的選擇吧？順帶一提，Frying pan的「pan」是英文平底鍋的意思。

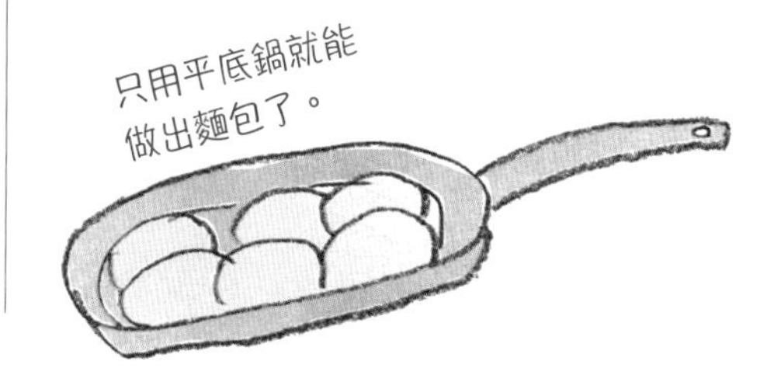

## 法國麵包 ふらんすぱ

在日本的麵包店常看到「法國麵包」這個名字。大部分的人應該都以為法國麵包就是那種又硬，味道又單調的餐點麵包吧？不過在法國根本找不到稱為「法國麵包」的麵包。因此所謂的「法國麵包」是指利用「傳統法國麵包（pain traditionnel）」製法製作的麵包。

### 傳統法國麵包
pain traditionnel

只利用麵粉、酵母、水、鹽製作的棍狀麵包。傳統法國麵包的味道會隨著天候與麵粉的狀況而改變，所以需要長年累積的技術與直覺才能做得美味。傳統法國麵包的稱呼會隨著表面的切口數量，以及麵包本身的長度而不同。

巴黎長棍 parisien
[→P124]
約60cm / 5道切口

長棍麵包 baguette
[→P118]
約60cm / 7～9道切口

短棍麵包batard
[→P118]
約40cm / 3道切口

長笛麵包 flute
[→P141]
約60cm / 7道切口

繩子麵包 ficelle
[→P136]
約40公分/ 5道切口

### 花色麵包
pain fantaisie

花色麵包的麵糰雖然與傳統法國麵包相同，卻不是做成棍狀的，有圓的、麥穗狀的。與棍狀的相較之下，花色麵包比較容易分類，而且不同形狀有不同口感這點也讓人感到有趣。

法國圓麵包

劃線麵包

法國開口笑

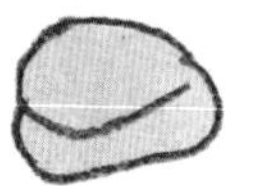

香菸盒麵包

蘑菇麵包

麥穗麵包

## 法蘭西斯・西蒙 フランソア・シモン

Francois Simon是法國激進美食記者。曾在1999年與2001年的《Casa BRUTUS》麵包專輯執筆，撰寫在日本麵包店巡迴之後的感想，其感想十分有趣而衝擊。例如，他曾如此形容名牌麵包店的店員。「這家店的收銀機雖然是全自動的，但是店員似乎忙得只剩下按按鈕的時間。」他也曾這樣形容某家店的天然酵母麵包。「原來天然酵母麵包會一直不斷地跟吃的人對談啊。」「我從一臉正經的麵包感受到其內在的簡潔。」他的形容詞就是如此地活靈活現、妙語連珠。我迫不及待地追著他的文字閱讀下去，最後一句「如果無法從麵包看出麵包師傅的個性，麵包就毫無魅力可言」的結論，讓我不禁大喊：「我贊成！」

## 布里歐 ブリオッシュ

一種大量使用雞蛋與奶油製作的麵包。據說是在17世紀隨著可頌一同從奧地利傳入法國，被認為是眾多摻砂糖製作的法國麵包之中，歷史最為悠久的一種麵包。形狀雖然很多變，但最常見的是有一個小包的形狀，所以這種麵包又被稱為「brioche a tete」（有顆和尚頭的意思）。

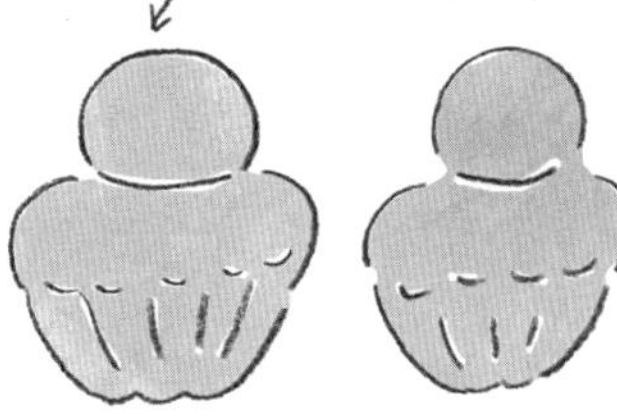


## 布利尼 ブリヌイ

Blini是使用蕎麥粉製作麵糰，再使麵糰發酵的俄羅斯鬆餅。餅皮薄如可麗餅，只要放一球酸奶油、魚子醬或果醬即可享用。俄羅斯人會在2月舉辦的謝肉祭（奶油祭）的時候，準備很多布利尼過節。

## 長笛麵包 フルート

Flute是像「長笛」一般細長的法國麵包。

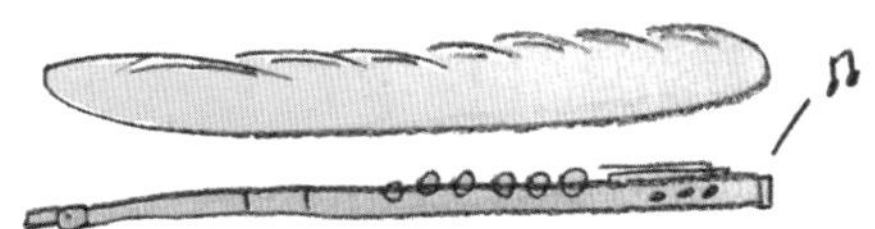

## 普切達 ブルスケッタ

是很常見的義式開胃菜。這道開胃菜的做法很簡單，只是在稍微烤過的麵包上，鋪一些自己喜歡的食材而已。在麵包表面塗一些蒜醬與淋橄欖油是最簡單的吃法，很適合當成下酒菜。㊫開胃小點心。

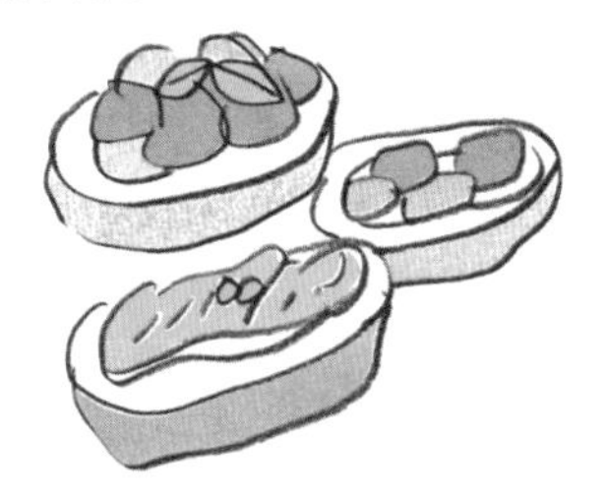

## 扭結麵包 ブレッツェル

Brezel是拉丁語「雙手抱胸」的意思，在德國常被當成是麵包店的標誌。這款麵包之所以能擁有獨特的光澤，其祕密在於完成最終發酵之後，會在表面淋上「氫氧化鈉溶液」（鹼性的熱水）。搭配啤酒或香腸一起吃，將會更加美味。

## 麵包贏家 ブレッドウィナー

Bread winner字面的解釋是「贏得麵包的人」，引申為撐起家中經濟的人。

## 麵包盒 ブレッドケース

避免麵包乾燥的專用盒，材質有很多種，例如琺瑯、木製、竹編、不銹鋼等。即便不是拿來保存麵包，當成食品收納盒也是不錯的選擇。

## 法式吐司 フレンチトースト

將牛奶與雞蛋打勻之後，讓吐司充分吸收，再利用平底鍋煎至變色。吐司煎熟後，可在表面點綴一些果醬或是冰淇淋，輕輕鬆鬆就能製作出各種口味。

## 德國黑麥麵包 プンパニッケル

Pumpernickel是利用裸麥全粒粉製作的蒸烤麵包，擁有非常溼潤的質地。在裝滿100℃熱水的烤箱裡烘烤，烘烤時間短則4小時，長則20小時。由於是長時間低溫烘烤，所以麵包帶有明顯的澱粉甜味，以及溫和的酸味。

## 髮型 へあーすたいる

麵包師傅們不是戴著三角巾就是廚師帽，所以都看不見他們的髮型。到底是什麼髮型呢？真讓人有無限想像。

## 貝果 ベーグル

17世後半，隨著猶太人移民風潮傳入美國，因此而聲名大噪的麵包。由於麵糰是先燙過再烤，所以擁有非常獨特的Q彈口感。

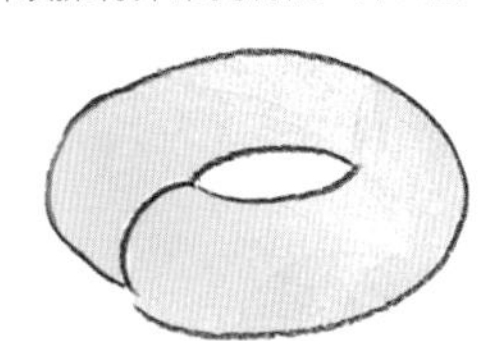

紐約式貝果

不摻一滴油、雞蛋與牛奶的麵糰，在汆燙之後送進烤箱烘烤。

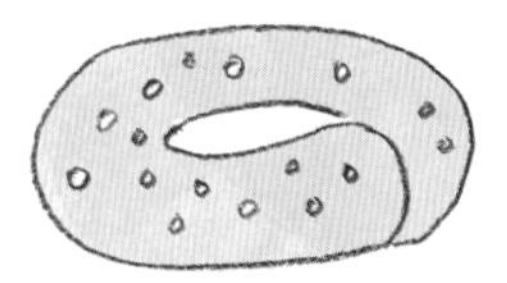

蒙特婁風味貝果

只摻油與雞蛋之餘，在沒有摻鹽的麵糰裡加入蜂蜜，接著將麵糰放進熱水汆燙，再送進石窯烘焙。

# 貝果的景色

BANO注

在紐約吃到ESSA貝果之後，就一直追尋著其他地方的貝果

啊～

哇～

在品嚐各式貝果之後，我發現貝果的種類非常多樣，實在無法一言以蔽之

貝果大致分成A B C這三種。

將配料揉進麵糰，吃得到店家創意的混合型貝果（Pomme de terre和Tecona這類店家）

與蓬鬆柔軟的麵包相似的貝果，很適合老人家們食用（像是bagel & bagel、pochikoro和Loves BAGEL等）

充滿彈性、口感紮實、分量滿分的貝果。如果能做到外皮酥香、內裡Q彈，那更是極品（ESSA、MARUICHI、STANDARD等店家都屬這一類）

BANO注

一般的勞工階層。有時會自己烤貝果。覺得老舊的烤箱已不敷使用，所以最近看了一些新型的烤箱，結果發現新型烤箱居然可以加熱罐頭或是煮水煮蛋，有種未來已經實現的感覺，也覺得自己還停留在石器時代裡。

## 法事麵包 ほうじぱん

島根縣東部與鳥取縣西部的家庭會在舉行法事時，將麵包當成來賓的禮物贈送。除了紅豆麵包之外，其他種類的麵包也能當成法事麵包使用。通常會裝在有法事圖案的袋子裡贈送。

## 帽子麵包 ぼうしぱん

在圓形的麵包疊上蜂蜜蛋糕，做成像帽子的外型，是高知一帶的在地麵包。蜂蜜蛋糕十分酥軟，麵包內裡則非常蓬鬆。很多人特別愛吃帽緣部分，所以有些店家也以「帽子的耳朵」單獨銷售。其他還有「UFO麵包」、「甜球麵包」這類同形不同名的麵包。聽說法國也有類似的「遮陽帽」麵包（le pain chapeau）。

## 菜刀 ほうちょう

手邊沒有麵包刀的話，可讓菜刀過火加熱一下，就能輕鬆地切開麵包了。不過要注意的是，如果菜刀過度加熱，切的時候可能會讓麵包灼傷。

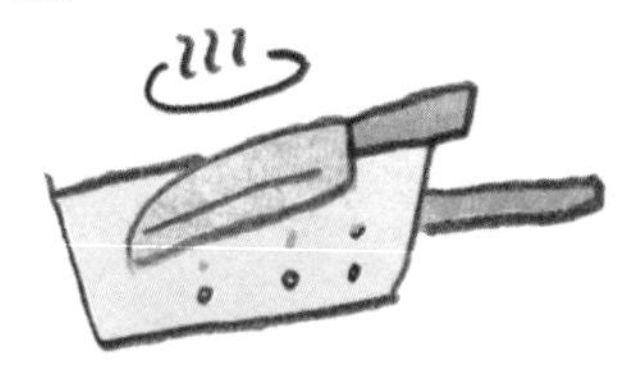

## 麵包機

ほーむべーかりー

方便在家自製麵包的家電產品。只需放入麵粉與按下按鈕，其餘發酵到烘焙的步驟全部可交給這台機器處理。調整配料與麵粉的多寡，就能製作出各式各樣的麵包。

## 批發麵包商 ほーるせーるべーかりー

提供超市麵包專區的大型麵包製造商。㊦麵包零售商。

## 保存方法 ほぞんほうほう

麵包最理想的吃法就是把它當成生鮮食品，當天買當天吃。不過我總是不小心一次買太多，所以都得放進冷凍庫保存。要注意的是，麵包在乾燥的過程中會沾上冷箱裡的各種味道，所以絕對不能放在冷藏室裡保存。奶油麵包這類有填料的甜點麵包，或是家常菜麵包最好不要冷凍，其他麵包則沒有關係。為了避免麵包接觸空氣，建議替每一個麵包都包一層保鮮膜，放進冷凍庫儲存之前，要先放進拉鏈保鮮袋，並在外頭貼上寫有日期的標籤。有些麵包的儲存期限可達一個月之久。

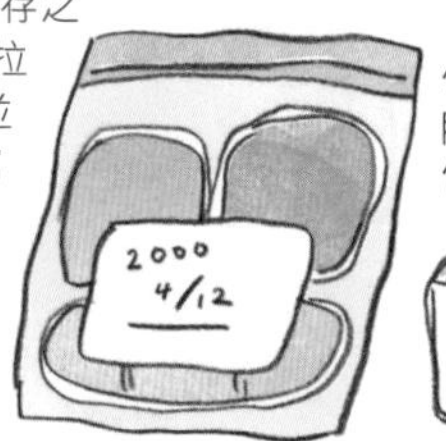

## 厚煎鬆餅 ホットケーキ

將雞蛋、牛奶拌入麵粉烤成的食物，比鬆餅[→P125]厚一點，味道通常是甜的。小時候真的很認真地希望吃滿一肚子繪本《小黑人桑波》裡，利用老虎的奶油製作的厚煎鬆餅。

## 熱三明治 ホットサンド

在烤過的吐司裡挾入食材的熱三明治。個人最喜歡的是在吐司裡挾入以美乃滋調勻的海底雞以及高麗菜，然後利用三明治製造機壓出形狀的類型。

## 熱狗 ホットドッグ

在福岡久留米一帶非常受歡迎的麵包。西元1948年，木村屋的創辦人萩尾芳雄先生從美國的「熱狗（hot dog）」聯想到「看起來很熱的狗」，所以將切片的壓型火腿（Press Ham）當成狗狗的舌頭，放在麵包裡模仿狗狗吐舌頭散熱的模樣，因而發明了這款麵包。其懷舊的口味與包裝，長年以來受到久留米市民的喜愛。

## 中東大餅 ほぶす

中東的無發酵麵包，khubz在阿拉伯語裡就是「麵包」的意思。可以挾入食材吃，也可以代替湯匙舀起濃湯一起吃。這種大餅的形狀與烤法並不固定，所以可以衍生出許多不同的種類。

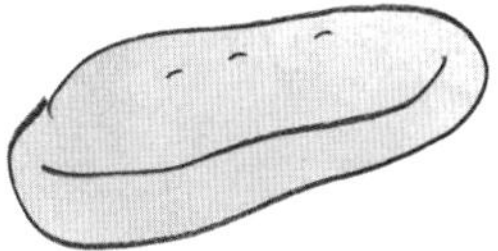

## 馬鈴薯麵包 ポム・ド・テール

Pomme de terre名稱蘊含法語「馬鈴薯」之意。因為麵糰揉有馬鈴薯泥，所以烤出來的麵包也十分溼潤Q彈。

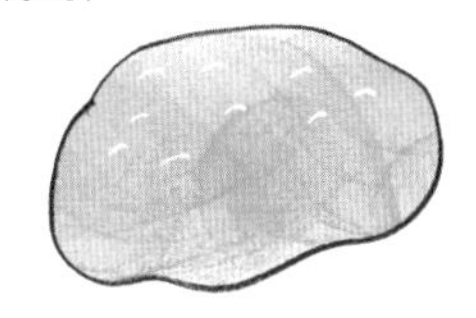

## 花捲 ほわちゅあん

只利用麵粉、酵母與水製作的簡單麵包，主要是將饅頭[→P151]的麵糰捲成花瓣形狀。

## 普瓦蘭麵包店 ポワラーヌ

Poilâne是以法式鄉村麵包聞名的法國名店，其歷史已超過200年以上，是我想去但還沒能去成的地方。「利用與麵包相同的小麥所製作的餅乾也很好吃喔」，這項情報是某位已婚女性告訴我的。

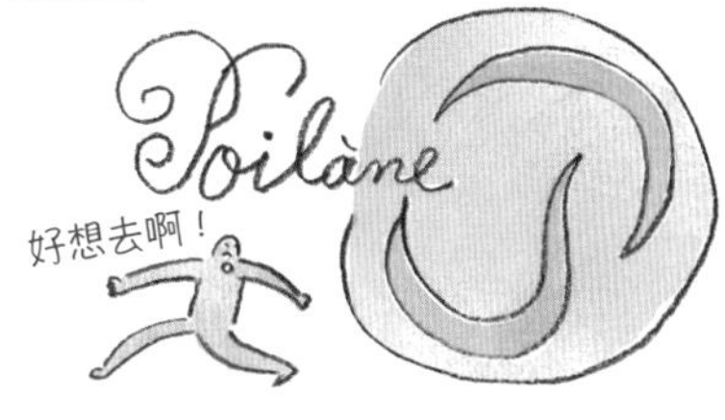

## 書籍 ほん

我覺得麵包與書籍兩者之間有共通之處。尋找材料，揉製麵糰（單元內容），然後花時間發酵（發行）。故事裡的麵包到底是什麼味道呢？如果書籍能散發麵包的香味那就太完美了。有關麵包與書籍的幻想總是無邊無際。

**好吃但「無名的湯品」與三明治**

《從今以後，生活裡只有湯品的事情》（暫譯）
吉田篤弘
中公文庫

某位在商店街三明治店工作且非常喜歡電影的青年，一直在思考能與三明治搭配新湯品的故事。之後就如書名一樣，生活裡只想著有關煮湯的事情，或是偶爾到隔壁小鎮的電影院看電影。雖然這個故事就像湯品一樣味道清淡，不過卻靜靜地沁入心肺。

**表情單純的麵包將滾到何處呢……**

《圓滾滾麵包－俄羅斯民間故事》（暫譯）
瀨田貞二．譯／
脇田和．繪圖
福音館書店

老奶奶親手製作的圓滾滾麵包不斷地往外滾動，途中遇見了各種動物的故事。圓滾滾麵包雖然巧妙地躲過了那些想吃麵包的動物們，但最後還是被狐狸一口吃掉。其最後的身影透露著無奈，面對狐狸那狡詐的笑容也只能無言以對。

**當酸酸的黑麵包成為全世界最好吃的麵包時**

《來自監獄的遺書》（暫譯）
邊見JUN
文春文庫

描述的是太平洋戰爭結束後，被送往勞改的日本戰俘的故事。一整天分配到的糧食只有一小塊黑麵包、稀飯、湯，以及一小匙的砂糖而已，因此爭奪寶貴的黑麵包成了日常之事。書中描述了種種喪失人格的悲慘場景，不禁令人想起能平凡地吃著麵包是一件多麼奢侈的事情。

## 巴西起司球

ポン・デ・ケージョ

Pao在巴西語為「麵包」的意思，而Queijo則是「起司」的意思。Pao de queijo這款起司球之所以擁有Q彈的口感，是因為使用了樹薯粉的關係。每個巴西家庭都會製作這款麵包，是一款大家耳熟能詳的甜點。

〔專欄〕麵包×米飯

# 迷惘的味覺

遠藤哲夫

我出生於昭和18年（1943），在以「魚沼越光米」產地聞名的新潟縣長大。還記得小學一年級的時候，每天兩次的營養午餐都有麵包，但是也只有麵包而已。小時候不是吃小點心就是吃飯糰，後來吃膩了就把這些食物隨手丟掉，也因此招來家裡人一頓大罵。

對當時的我來說，吃麵包是一件很珍貴的事。我喜歡麵包店裡以餐刀抹在熱狗麵包內裡的果醬，高中時代喜歡的是抹在吐司上的巧克力與花生乳瑪琳。

約莫1960年代前後，醫學博士林高參在其著作《頭腦》裡提及「一直吃米飯會讓腦袋變笨」的論點，讓這本書一口氣躍上暢銷排行榜，也讓這個話題持續延燒好一陣子。不過，我覺得麵包就像是小點心或甜點，無法當成「填飽肚子」的「米飯」看待。

不過只有一種麵包是例外的，那就是戰後駐紮美軍配給的吐司。戰爭結束之後到上小學之間，我常被家人託付到東京調布市媽媽的娘家，就是在那時候我吃到配給的吐司。只看過現在吐司的人，絕對想像不出當時配給的吐司長什麼模樣，表面非常粗糙之餘，拿在手上的感覺還很沉重。只要隨便烤一下，就能立刻聞到美妙的焦香味，一口咬下，還能嚐到酥酥粉粉的滋味，感覺上是充滿狂野氣息的麵包。如果搭配同是配給品的奶油一起吃，就等於是「一餐」了，那真是難以忘懷的滋味。

我還在「PLANNER」服務的1980年代時，曾著手企劃一間烘焙餐廳。餐廳開幕之後，我也到了現場好幾遍、觀察店裡的狀況，當時覺得麵包果然還是無法成為「正餐」，一切像是玩具般的生活。我其實沒有惡意，只是從小吃米飯長大的我會覺得，沒有麵包就感到空虛的生活，會不會是因為麵包是一種「想像中的味道」所導致的呢？

遠藤哲夫
暱稱遠哲，自由撰筆人。生於新潟縣，目前於崎玉縣居住。以「不要覺得浪費，多吃一點增強體力的米飯吧！」為題，在網路上經營「The 大眾食」網站。著有《湯泡飯快食學》、《大眾食堂般的天堂！》、《大眾餐食 激動的戰後史》等著作。

# ま行

營養午餐用印有可愛復古圖案的包裝

乳瑪琳

## 乳瑪琳 マーガリン

1869年時期，法國因奶油短缺而發明的代用品之一。乳瑪琳與奶油的最大差異在於奶油以牛奶為原料，乳瑪琳以植物性、動物性的油脂為原料。由於乳瑪琳較為便宜，也比較容易購得，所以常用於製作甜點麵包。油脂含量達80%以上的稱為「乳瑪琳」，低於80%的則稱為「人造奶油」(fat spread)。早期的學校營養午餐都會在麵包旁邊附上印有復古圖案的乳瑪琳喔。

## 瑞士堅果糕點 マイチバイ

Meitschibei是「單身女性的美腿」的意思，據說這是以少女纖細的雙腳為藍圖所製作的甜點。光是聽到名稱的由來就覺得很有意思。這款糕點的內裡非常柔軟，中間也只灌了一些甜甜的堅果餡料，屬於非常簡單與平淡的味道。每家店對於中間餡料的選擇都有些許的不同。

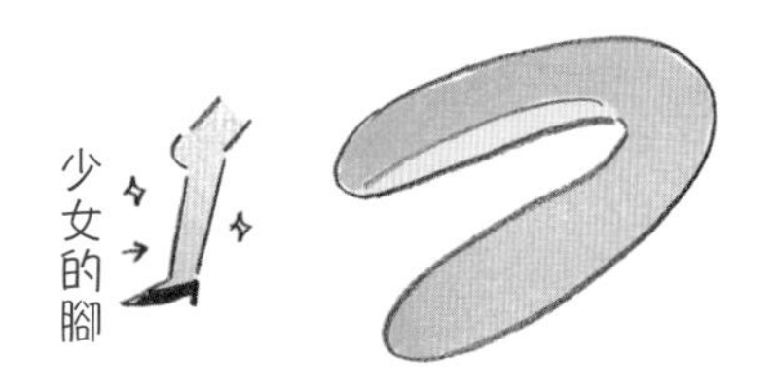


## 魔術 マジック

魔術師ADACHI龍光的得意絕招就是「麵包時鐘」。觀眾的手錶被收進小箱子裡就此消失，之後居然從切開的吐司裡出現。我突然覺得，觀眾看到自己的手錶沾滿麵包屑，說不定會生氣吧？

## 杏仁膏 マジパン

在杏仁粉裡拌入砂糖與蛋白，攪拌成黏土質地的膏狀物（marzipan），常用來裝飾甜點，或是灌入史多倫[→P87]裡當內餡。

## 黃芥末醬 マスタード

黃芥末醬是三明治不可或缺的調味料之一，其地位就像是壽司裡的芥末一樣，可為三明治增添些許的刺激口感。有些店家會將無鹽奶油與黃芥末醬拌在一起後使用。

## MUTTS マッツ

2000年～2002年於日本出版社「MAGAZINE HOUSE」出版的雜誌。讓讀者參與的前衛內容與氛圍令我非常喜歡。當年初赴東京、仍是鄉下學生的我，習慣循著《MUTTS》的麵包特輯的足跡巡迴麵包店。這本雜誌雖然已經被我翻得破破爛爛了，但是卻明白地訴說著當年學生時代的回憶。

## 瑪芬 マフィン

將砂糖與雞蛋拌入麵粉，攪拌成麵糊之後，倒入蛋糕杯烘烤而成的甜點。有些會在麵糰裡拌入巧克力片或香蕉，種類非常的多元。如果麵包店的角落擺了很多種瑪芬的話，我一定會忍不住買一大堆。

## 葡式甜甜圈 マラサダ

夏威夷的經典甜點，據說原本是葡萄牙家庭料理的甜點，後來輾轉傳入夏威夷。其名稱「malasada」的意思為「粗心大意」。製作方法與日本的炸麵包很類似，將麵粉與酵母揉成圓型的麵糰，等待發酵完成後，再放入油鍋油炸。最後收尾時，撒上砂糖或肉桂粉就完成了。以夏威夷為舞台的電影《夏威夷男孩》常出現這款甜點，所以在日本也算是小有名氣。口感蓬鬆又Q彈。

## 瑪莉・安東尼

マリー・アントワネット

1789年法國革命前夕，對處於飢餓狀態的法國民眾說出「如果沒有麵包，那吃甜點不就好了？」的法國王妃。Marie Antoinette口中說的「甜點」可是當時在法國被視為高級麵包的布里歐。不過到底安東尼王妃是否真的說過這句話，到現在仍未有定案。

## 圓味麵包 まるあじ

「久留米木村屋」以佐賀的名產「圓形蛋糕（marubolo）」為雛型，在昭和10年推出的甜點麵包。由於名稱的源由為「圓滾滾的美味麵包」，所以元祖菠蘿麵包「maruaji」才得以誕生。

問(株)木村屋
2017年1月
已歇業

## 饅頭 まんとう

以麵粉、酵母、水混拌成麵糰，再將麵糰蒸熟的麵包。麵糰完全沒有添加任何配料。如果放了肉或蔬菜，就另外稱為「包子」。據說為了區分肉包與甜包子，會在包了餡料的包子表面點上紅點。

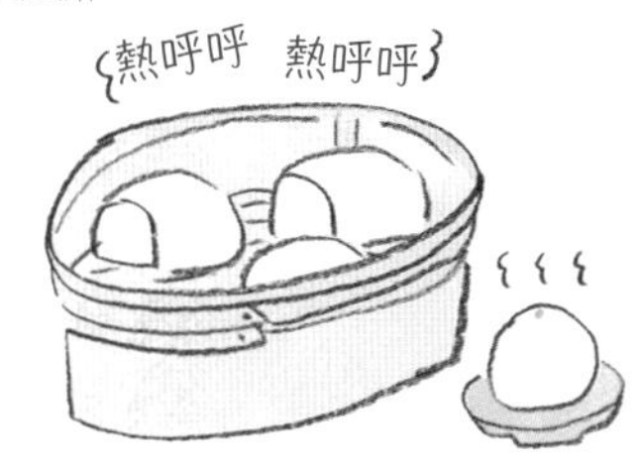


## 曼哈頓麵包 まんはったん

1974年推出的福岡在地麵包。由於參考了紐約曼哈頓的商品，所以才命名為曼哈頓麵包。口感酥鬆、巧克力味濃郁的這款麵包，會讓人莫名地吃個不停。據說許多福岡市民都認為：「曼哈頓麵包就是青春的味道！」

問(株)RYOYU麵包｜☎092-596-3748

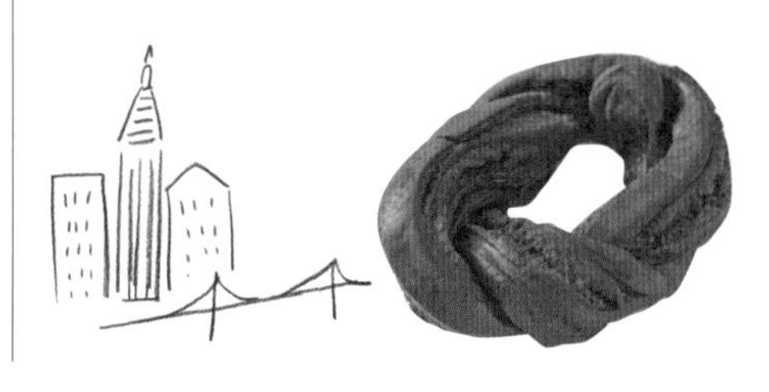

## 肉醬麵包 みーとぱん

在擀成長方形的甜麵糰裡，加入絞肉或燉菜這類餡料，再送入烤箱烘焙的麵包。看起來很豪華，常被當成派對的招待麵包，可以切成小分量，大家一同享用。

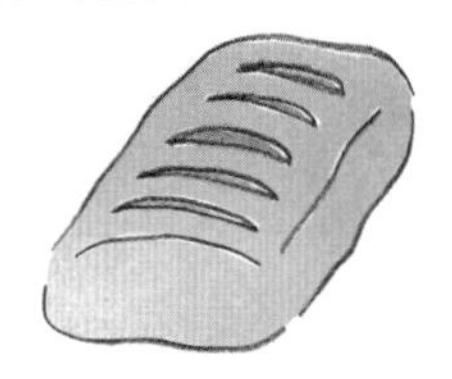

## 麵糰攪拌機 ミキサー

投入材料後，自動攪拌的機器。麵包店使用的是垂直攪拌型的攪拌機，也有其他不同用途的攪拌機。不過居家自製的麵糰通常是親手搓揉，不會假攪拌機之力完成。隨著攪拌，原本是粉狀的食材就會被揉成麵糰，慢慢地表面就會像嬰兒臉頰一般的圓潤光滑，最後還會看到薄薄的麥麩外膜。這一連串的作業都是交由攪拌機幫我們完成的。

## 味噌麵包 みそぱん

本以為是日常的麵包，沒想到在群馬縣一帶居然被視為靈魂食物，大部分的麵包店都有銷售。在法國麵包裡挾甜味噌是最經典的口味，但將眼光放到全日本來看，會發現有的是在菠蘿麵包的麵糰裡揉入味噌，有的則是用蒸的。

## 組合麵包 みっくす

分割麵糰時，將多餘的麵包揉成一糰製成的麵包。甜點麵糰、丹麥麵包的麵糰、吐司的麵糰隨意組合之後，每一口都能嚐到不同的口感，而且每個組合麵包都只有一個，就算發掘出最佳的麵糰組合，也很難再做出相同內容的組合麵包。組合麵包的口感十分多元，吃的時候會讓人覺得很划算。雖然很少店家在賣，但只要遇見，我就一定會買。位於東京千駄木的「PARIFUWA」就以「蠟筆麵包」之名，推出這款組合麵包。

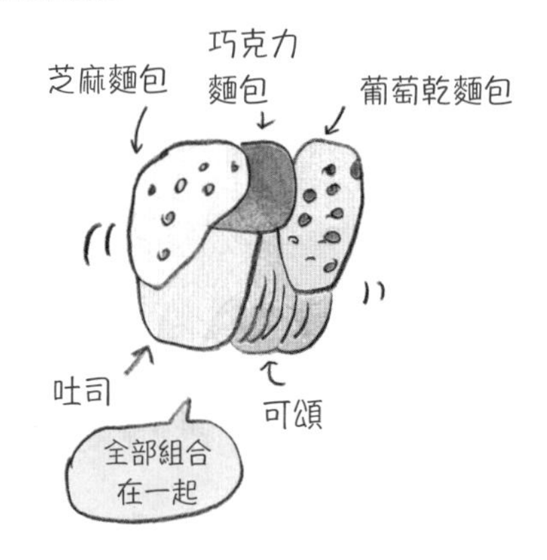


## 黑糖吐司 みつぱん

這是以《三國志》聞名的小說家「吉川英治」先生最愛吃的麵包。這款麵包需要在吐司淋上黑糖，所以吉川先生幾經探訪，才找到位於東京龜戶的葛餅百年老店「船橋屋」，向店家購買黑糖。不過吉川先生覺得只買黑糖不買葛餅是一件很失禮的事，因此特地寫了一個招牌送給船橋屋，如今那塊招牌還高高掛在店裡。

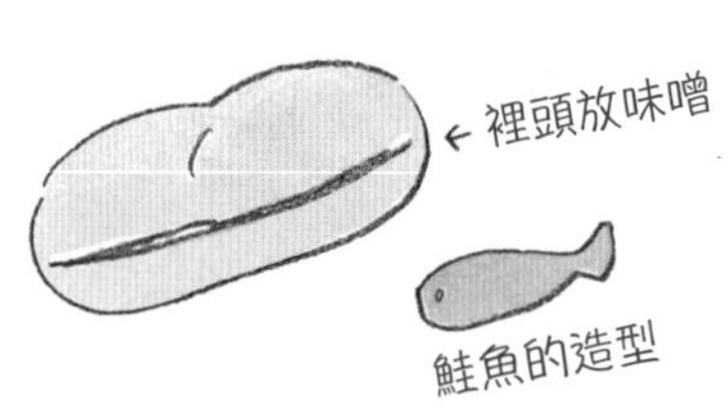


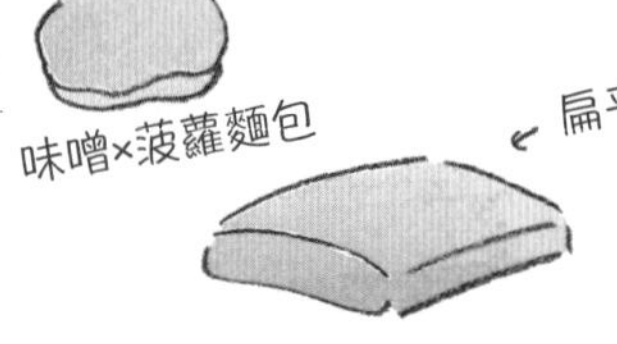

## 吐司邊 みみ

吐司邊緣的部分。小時候不太愛吃，但隨著年齡漸長，變得越來越愛吃，有種沒有吐司邊就不像在吃吐司的感覺。東海林禎雄先生的《大咬一口吐司邊》（文春文庫）也提到，「學校營養午餐裡的吐司之所以有吐司邊，是為了讓孩子們知道忍耐的道理」，當我讀完之後，突然有種恍然大悟的感覺。

## 牛奶麵包 みるくぱん

通常以牛奶代替水製成的麵包就能稱為牛奶麵包。不過長野縣一帶的麵包店所銷售的「牛奶麵包」，則是指在柔軟的麵包（通常是四角形）裡頭挾入生奶油的麵包。每家店的復古包裝都輕輕地搔動著那敏感的少女心。

## 煉乳法國麵包 みるくふらんす

在法國麵包裡挾入煉乳的麵包。麵包雖然很硬，但一口咬下，柔軟的奶油立刻在嘴裡化開，兩者之間形成強烈的口感對比。外型通常是細長的棍狀，所以通勤途中也很方便吃，肚子小餓時也可隨時拿出來止飢一下。與其說是家裡的常備麵包，不如說是放鬆心情的最佳麵包。裡頭填入了大量的煉乳，所以吃的時候要小心內餡的奶油。

## 蒸麵包 むしぱん

①將麵粉、砂糖、水、蘇打粉（泡打粉）拌成麵糰，放入蒸籠蒸熟的麵包。據說日本鎖國時代仍與唐朝有所交流的長崎，流行在麵粉裡加入甜酒製成的唐式蒸麵包。②三重縣「月之溫」製作的蒸麵包有「大家分而食之」的意思，通常是將巨大的圓型蒸麵包分成八等分出售。我覺得這個想法可能與Companion[→P.76]有關聯。

---

ⓘ月之溫｜https://tsukinoon.her.jp/

## 無發酵麵包 むはっこうぱん

西元前4000年，美索不達米亞人發明了史上第一個麵包。麵糰沒經過發酵的麵包就屬於無發酵麵包，也可以稱為平烤麵包。當時的美索不達米亞人準備將麵粉煮成粥的時候，不小心將麵糰打翻在燒紅的石頭上，烤熟後一吃，發現這硬硬的東西還挺好吃的。據說這硬硬的東西就是麵包的原型，看來麵包也是偶然之下的產物。

## 美利堅麵粉 めりけんこ

在麵包需求量大增的明治初期，從美國進口的麵粉就稱為美利堅麵粉，將「American」的「A」去掉，就是meriken這款麵粉的發音。有些麵包店到現在都還將麵粉叫成「美利堅」，而且神戶地區還找得到名為「美利堅波止場」的碼頭。

## 梅爾巴吐司 メルバトースト

Melba toast指的是烤得酥脆的切片吐司，其薄度比「RUSK」還要薄。據說是為了特別在意體重的澳洲歌劇演員——內利梅爾巴（Nellie Melba）特別製作的，所以也因此命名為「melba」。吃的時候可以加一點果醬或是起司。

## 哈蜜瓜麵包 めろんぱん

雖然是聞名遐邇的麵包，但是名稱的由來至今仍未解明。有可能是因為外型像哈蜜瓜，或是內餡是哈蜜瓜口味才被命名為哈蜜瓜麵包，但是也有人認為外型酷似哈蜜瓜麵包的墨西哥麵包「CONCHA」才是這種麵包的原型，也有人認為哈蜜瓜麵包的名字來自蛋白霜麵包（meringue）的諧音，總之眾說紛云就是了。而且關西一帶也將在杏仁模型裡放入白豆餡的麵包稱為「哈蜜瓜麵包」，圓形的稱為「日出麵包」。廣島的吳市地區還有一間以哈蜜瓜麵包聞名的麵包店，其店名就直接稱為「哈蜜瓜麵包」。

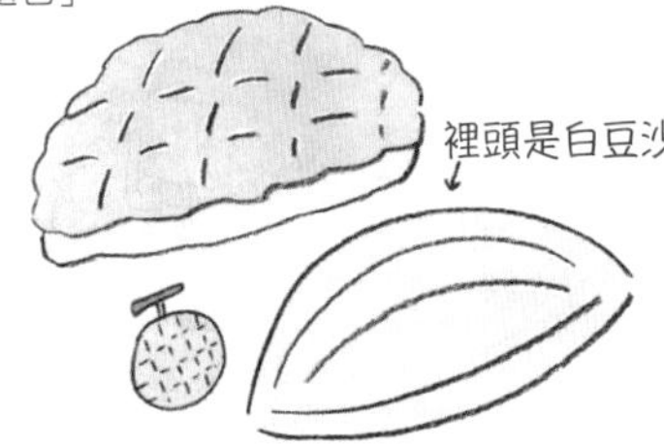


## 明太子法國麵包
めんたいふらんす

常可在福岡麵包店看到的麵包之一，辣明太子專賣店也能買得到這款麵包。在法國麵包中間劃出深深的刀口，再將明太子奶油挾在裡面，或是直接將法國麵包切成兩半，然後將明太子奶油放在麵包上面，都可以稱為明太子法國麵包。這款麵包的體積頗大，所以通常吃的時候都覺得應該留下一半，以待日後再吃，但每次都不知不覺地就把整根都吃完了。

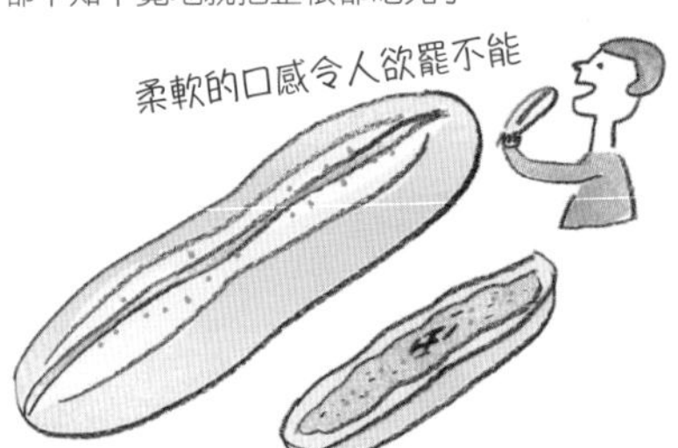


## 黑芥子甜點
モーンプルンダー

Mohnplunder是德國的經典甜點麵包之一，mohn的意思為「黑芥子」，plunder則為「容易腐敗」的意思。由於與丹麥酥皮麵包一樣很容易被捏脆，因此而命名。這款麵包摻有以黑芥子加牛奶與砂糖熬煮而成的黑芥子醬。店家們通常是一次烤一大塊，再切成小塊販售。

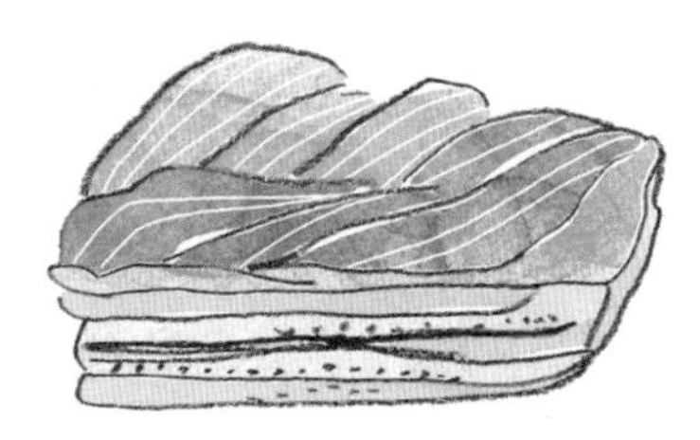

## 木版畫 もくはんが

看似美味又帶有光澤，是觀看彥坂木版工房繪製的麵包插圖之際的心得。鉅細靡遺地將麵包才有的顏色與香氣繪製在版畫裡，感覺麵包就近在眼前，隨時可以一手拿起。這裡的麵包插圖是以浮世繪的技法「木版印刷」，一張一張謹慎地印製出來。每一張木版畫都會隨著印製時的氣溫與溫度，產生顏色上的差異，這點與麵包的製作也很類似。

---

ⓘ彥坂木版工房
彥坂有紀與MORITOIZUMI一同主持的木版工房。為了推廣日本傳統工藝「浮世繪」，透過展覽、工作坊、出版的方式推廣木版畫。除了麵包以外的主題也正在規劃中。
http://www.hicohan.com

## 外型 モチーフ

我收集了很多外型與麵包有關的小東西，例如貼紙、便條紙、明信片、書籍、胸針、裝飾品等，每一種有關麵包的東西我都很愛蒐集，隨時都有可能會發現麵包的周邊商品。因此，不管去到什麼類型的店，我都會仔細地觀察店裡的裝潢，常常還不小心將「han」或是「hon」看成「pan」呢！

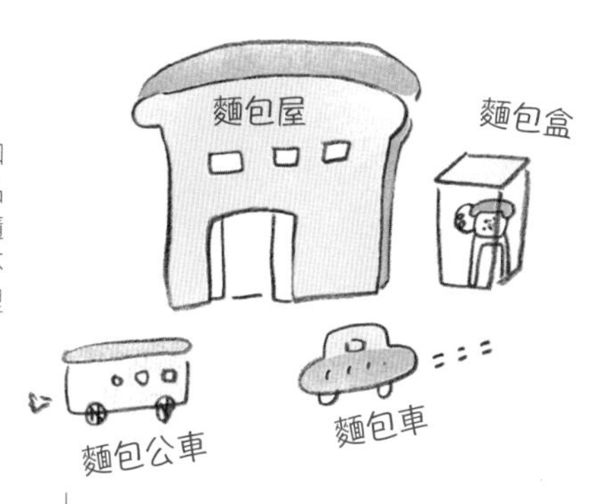


## 活動雕塑 モビール

麵包晃個不斷的活動雕塑mobile，是活動雕塑家YOSHIIIKUE的作品。所謂的mobile就是利用繩子或鐵絲讓紙張、木板這類素材在保持平衡的狀態下組成的藝術品。愛吃麵包的YOSHII製作的麵包活動雕塑非常的小巧可愛。能夠像這樣在掌心把玩所有的麵包，真是一件開心的事情。

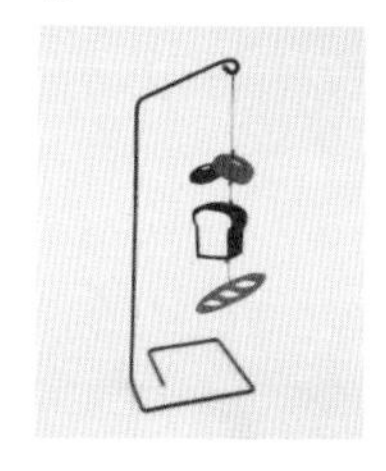

ⓘYOSHIIIKUE
http://yoshiiikue.com/

## 摩德代拉香腸三明治
モルタデッラ・サンド

將義大利波隆那（Bologna）地區的傳統香腸「mortadella」挾在巴西起司球[→P146]風味的三明治裡。前職業摔角選手安東尼奧豬木還住在巴西時，吃到這道三明治不禁驚呼：「怎麼會有這麼好吃的三明治啊！」

①

③

作品名稱「甜蜜的可頌」（2012年製作），看起來就像是剛烤好的可頌。要像這樣分版印刷，才能印出麵包的每一面表情。

滿滿的
　滿滿的
滿滿的
　滿滿的

# や行

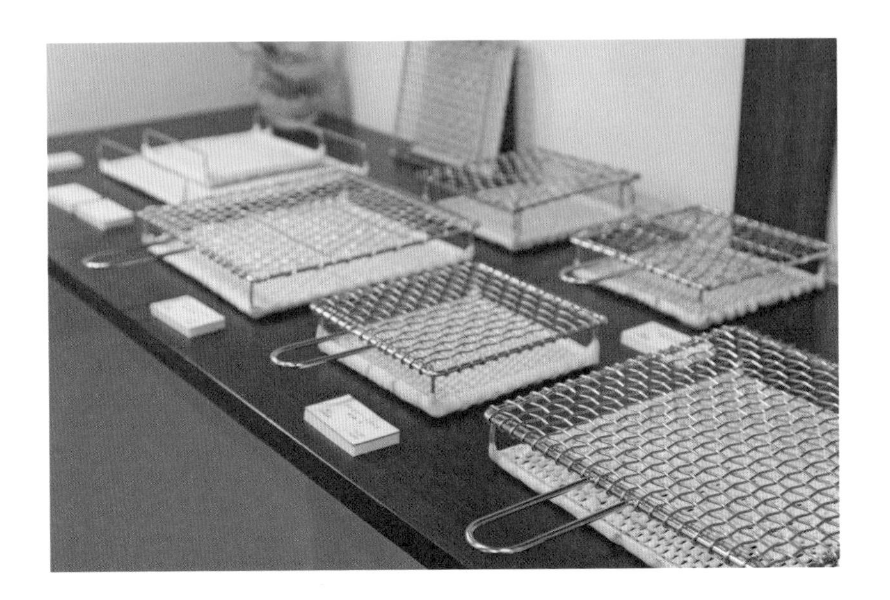

## 烤網 やきあみ

能在1分鐘之內就烤出美味麵包的神奇烤網，是由京都金網辻的第一代老闆辻賢一發明的。在全家都喜歡麵包的環境下長大的賢一先生，每天早上一定都會吃吐司。成為獨當一面的師傅幾年之後，就覺得「用烤箱烤麵包真是不過癮」，當時的他心想：「如果將烤網放在與碳火擁有相同功效的陶瓷上面，不知道會有什麼結果？」幾經實驗之後，就發明了這款「陶瓷烤網」。這款烤網擁有不可思議的遠紅外線效果，可以把麵包烤得外酥內軟，好吃的麵包變得更好吃，火候略嫌不足的麵包也能變得美味。

ⓘ高台寺 一念坂 金網辻｜京都市東山區高台寺南門通下河原東入枡屋町362
☎075-551-5500

我喜歡的吐司吃法！

吐司是5片裝的最好。

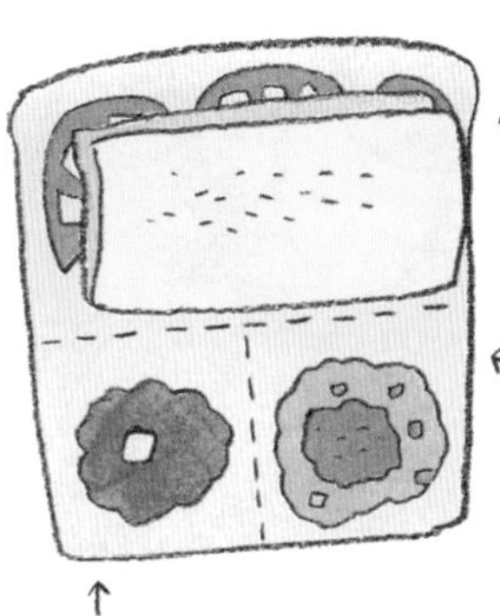


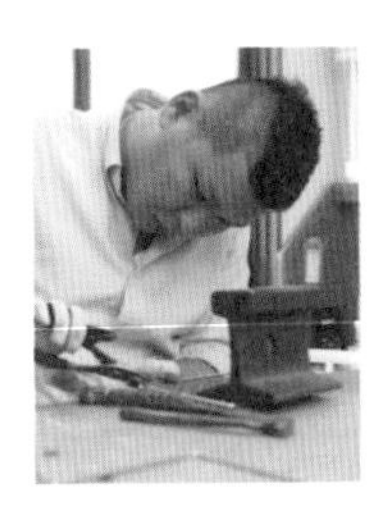

賢一先生的兒子徹先生正親手製作每一個烤網。當然他的早餐也是麵包！喜歡搭配的是火腿＋奶油。Simple is Best！

## 烙印 やきいん

為了強調全自製這項特點，有些麵包店會在吐司或紅豆麵包的表面烙印。光是這個烙印就足以讓消費者熟悉自家的麵包了。早期烙印的圖案有很多，從單純的字樣到流行的書寫體字型，或是卡通人物，通通都可以烙印在麵包表面。要在柔軟的麵包上頭烙印是件困難的事，因為一不小心就會焦掉，所以得試好幾次才能掌握箇中要訣。

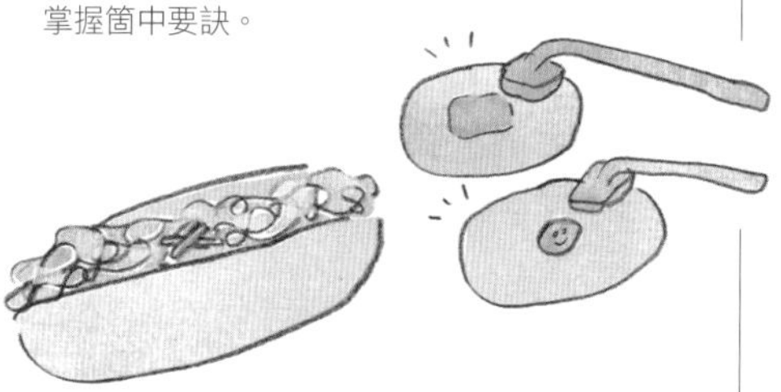

## 炒麵麵包 やきそばぱん

炒麵麵包在1950年代的東京問世，主要是在熱狗麵包裡挾入炒麵，屬於一種家常菜麵包。在熱狗麵包的表面劃出一道垂直的切口，將炒麵塞到切口之後，再在中央處點綴紅薑即可，屬於突然會想吃的B級美食之一。歌手川本真琴小姐曾唱過〈炒麵麵包〉這首歌曲。

## 蔬菜 やさい

蔬菜可以直接揉在麵糰裡，也能鋪在麵包表面或是挾進麵包裡，或是讓咖啡色的麵包多點顏色。許多店家都會利用當令的蔬菜創作新的麵包，尋找某些季節才能吃到的麵包也是一件值得期待的事情。

春…春初的高麗菜、新洋蔥、毛豆等
夏…蕃茄、茄子、南瓜、玉米等
秋…馬鈴薯、地瓜、胡蘿蔔等
冬…菠菜、小松菜等

## 山型吐司 やまがたしょくぱん

烘焙麵糰時，模型不加蓋的吐司。上半部膨脹得跟山丘一樣，所以才被稱為山型吐司，也被稱為Round Top吐司。Round的意思為「圓型」的意思。㊫英式吐司、長吐司 ㊦方型吐司

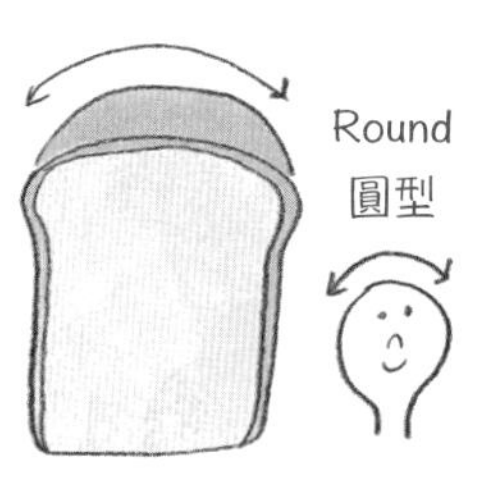


## 山崎麵包公司 やまざき

山崎麵包公司曾推出「薄皮迷你麵包列」、「水餐包」、「美味棒」，以及其他各種長銷型的甜點麵包，其中的大熱門就是由吉拿棒捲成玫瑰形狀的「玫瑰網餅乾」。這個麵包的熱量相當於一餐的量，一個就能讓人滿足當下的口腹之慾。

---

㊐山崎麵包公司(株)
客服中心
0120-811-114

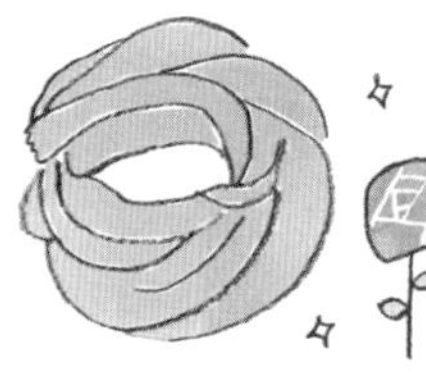

## 湯河原 ゆがわら

溫泉鄉的麵包店「Bread & Circus」的所在位置，我曾在那裡吃過像是冒著溫泉熱氣的現烤吐司。由於手邊沒有麵包刀，為了快點吃到現烤的吐司，所以我直接用手撕著吃。當我把吐司塞滿嘴巴，再次體認到麵包是一種生鮮食品的事實。

---

ⓘBread & Circus
神奈川縣足柄下郡湯河原町土肥4-2-16
☎0465-62-6789

## 中日麵包小姐 ゆるきゃら

總部位於名古屋中日新聞社出版部的吉祥物——「中日麵包小姐」。從1942年該出版部創立時就住在書庫的山型吐司卡通人物。中日新聞社出版部堅持「麵包是接受文化薰陶之下的產物」，但我可是不承認「出版部」的「版（PAN）」與「麵包（PAN）」有任何關聯。中日麵包小姐的身高為13cm，體重有350公克（一斤吐司的重量）。額頭上的符號不是「肉」這個字，而是中日新聞的標誌。目前以X @chunichibooks的帳號喃喃自語中。

㊂中日新聞社事業局出版部
☎052-221-1769

## 羊羹麵包 ようかんぱん

將生奶油挾在麵包裡，然後在表面鋪上羊羹的北海道在地麵包。有的形狀是捲起來的，有的則是扭曲的，也有長得像熱狗麵包的樣子，在北海道的超市或便利商店都能買到。味道則是一如預期地甜蜜。

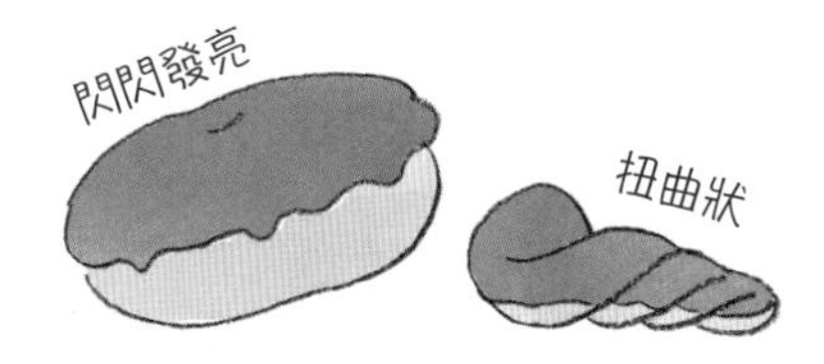


## 洋酒 ようしゅ

葡萄乾、堅果或水果乾可用洋酒醃漬入味。當醃漬超過一星期之後，就能將這些材料用在史多倫或咕咕霍夫這類在聖誕節不可缺席的甜點麵包。通常會使用萊姆酒醃漬，有時則會摻點卡士達醬增添香氣。由於酒精會在烘焙的時候揮發，所以孩子們也能放心食用。

## 油條 ヨウティヤオ

將麵粉、鹽、蘇打粉揉成長條狀的麵糰，再放到油鍋裡油炸的中式炸物。製作時，會先將麵糰擀成長條狀，對折後再進行油炸。吃之前可先切成小塊，早餐會放在稀飯裡一起吃。口味清淡的稀飯與炸麵包非常對味，如果能再配上一點榨菜，那更是絕妙的搭配。

## 優格 ヨーグルト

以乳酸菌讓牛奶或乳製品發酵而成的發酵商品。摻在麵糰裡可為麵包添加清爽的風味以及彈力的口感。以優格培養的酵母稱為優格酵母，有時會應用在麵包的製作裡。如果不想摻在麵糰裡，光是在德式麵包薄片抹上優格或果醬就很好吃了。

## 稱呼 よびな

全世界的人都吃麵包，但是對麵包的稱呼卻五花八門。麵包的語源為拉丁語的「panis」，日本的「麵包（pan）」則是源自葡萄牙的「pão」。

# 京都的麵包店《東風》

過去定居京都時，我會四處探訪麵包店，把麵包的味道、種類以及店面的樣子全部記下來。不過我這麼做是沒有任何目的的，單純只是自己的記錄而已。

某天，一如往常地外出尋訪麵包店時，我走進了位於左京區的小型麵包店——「東風」。一走進店裡，立刻看到大型的桌子上擺著好幾個竹篩，裡頭擺滿了充滿天然酵母香味的麵包，這真是一幅美麗的風景。買完麵包後走到店外，騎上我的腳踏車，邊騎邊吃著麵包，一股幸福的滋味從心底油然而生。當然，「東風」的麵包絕對是美味的（尤其可頌更是不在話下），但我覺得心中的喜悅應該是來自老闆營造的店內氛圍。從麵包的製作到接待客人全由老闆一手負責，所以製作者的心情也能完全地滲入每一位顧客的心裡。老闆的麵包看似安靜，但是一咬下去，身體立刻感受到蘊藏在麵包裡的那股強勁力量，這是會讓人回想起製作者臉龐的麵包。我沒想到，居然能遇見這種麵包，真想與製作麵包的人好好地聊一聊。曾有雜誌介紹「東風」這家麵包店，卻沒有刊登老闆的採訪。因此我決定打著採訪的名號，製作麵包的免費刊物，這也是在漫無目的的麵包生活裡寫下逗號的一瞬間。拜東風這家店之賜，我得以從只有麵包的生活觀察麵包的另一個面相。

東風的老闆森謝子小姐生於大阪，長於京都，希望從事「製作」方面的工作，所以選擇了麵包烘焙這條道路。過去她曾在京都及山梨的麵包店當學徒，爾後也在山梨開了間麵包店，不過開業4年後，因為家中有事而回到京都，所以東風也在京都復活了。森小姐是位說話謹慎的人，不過某些部分卻傻得很可愛。感覺上，就如她所做的麵包一樣，是個有深度的人。我在採訪之後，也變得更喜歡森小姐了。可惜的是2012年9月，森小姐因為生小孩而不得不把開了9年的東風收起來，這對我來說可是一件大事啊！我帶著惋惜的心情去找她，森小姐一邊抱著愛女野乃花，一邊告訴我：「感覺上，只是把培養酵母這件事換成帶小孩了。」森小姐說這話的時候，臉上綻放著比以前更溫柔的表情，我想，以往澆灌在麵包裡的愛情，將原封不動地移情到可愛的女兒身上吧？我覺得，京都能有這家東風麵包店，真是一件美好的事情。（2020年於京都伏見區再開業）

柔軟
柔軟
柔軟
柔軟

# ら行

## 裸麥 らいむぎ

歐洲的東南部被認為是裸麥的原產地，如今小麥難以生長的極寒之地——俄羅斯，德國或北歐已是主要的產地，美國與加拿大也都參與種植。日本的裸麥在北海道的局部地區栽培，但是大部分店家使用的裸麥還是國外進口的。裸麥的膳食纖維較小麥豐富，礦物質也比較多，所以製作出來的麵包比較健康。

## 裸麥麵包 らいむぎぱん

利用裸麥代替小麥烘焙的麵包。裸麥不含麥殼蛋白，所以無法形成麥麩，因此做出來的麵包比較紮實沉重，也沒有一般麵包那麼膨脹。在小麥難以生長的寒帶地區，如俄羅斯、德國或北歐，常用裸麥來製作麵包。㊊黑麵包、酸麵包

## 圓型吐司
らうんどしょくぱん

以圓形模型烘焙的吐司。由於外型很像集雨槽，所以又被稱為「TOYO模型麵包」。據說一層層的形狀來自德國傳統甜點「鹿背」使用的模型。我第一次見到這種麵包是在某個車站，一層層圓形的麵包與漬物、蔬菜擺在同一個架子上，形成一幅奇異的光景。

## 脆片 ラスク

在硬掉的麵包塗上奶油與砂糖，重新再烤一次的麵包。吐司、法國麵包、可頌等，隨著麵包種類的不同，重新烘焙的口感也不同，有的酥脆、有的硬邦邦，是一種能嚐到店家專屬風味的甜點。麵包雖然容易腐敗，但是脆片卻很耐放，當成麵包店巡迴之旅的伴手禮也是不錯的選擇。

## 午餐 ランチ

為了儲備下午工作所需的體力，午餐是一定不能不吃的，但如果沒有時間悠哉地吃，麵包就能派上用場了。麵包不太占空間，只會占據工作桌的一個小角落而已，在通車期間還能順便咬上一口。掉下來的麵包屑也能成為螞蟻或鴿子的糧食，可說是一舉兩得。吃太多白飯會讓人昏昏欲睡，況且白天也不太可能吃太多麵包，所以麵包的確是值得推薦的午餐。

## 花環 リース

祭典或節慶時，用來裝飾的圓形擺設。在以麵包店為背景的電影《魔女宅急便》裡，大叔老闆就為主角琪琪製作了許多充滿愛情的花環。日本習慣在聖誕節的時候，以麵包製作花環。通常是先將三根細長的麵糰編成一條，頭尾相接成圓圈後，再放入烤箱烘焙，最後點綴一些緞帶與柊葉，擺在玄關的擺設。

## 簡約麵包 リーン

除了麵粉、酵母、鹽與水這些基本材料之外，一律不添加雞蛋、酥油、砂糖這類副食材的麵包。

㊀豐富麵包 ㊝硬實系麵包

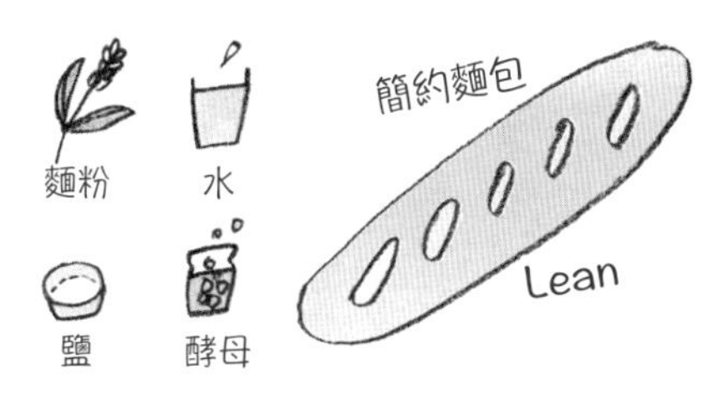


## 豐富麵包 リッチ

除了麵粉、酵母、鹽、水，還大量使用砂糖這類副食材的麵包。比簡約麵包耐放許多。

㊀簡約麵包 ㊝柔軟系麵包

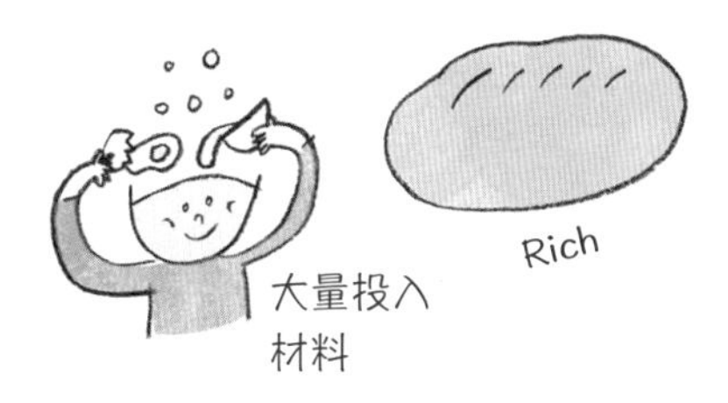


## 零售麵包店 りてぃるべーかりー

個人負責經營、製造、銷售的麵包店。

㊀批發麵包商

## 魯茲提克 リュスティック

Rustique的意思為「簡樸」。因此這款麵包顧名思義，就是在製作過程中不添加任何額外的處理，也就是當麵糰分割完成，並且揉成圓形或其他形狀之後，直接進入發酵步驟，發酵完成就放入烤箱裡烘焙。魯茲提克麵包的外皮很酥脆，內裡卻仍然保有適當的水分，裡頭大小不一的氣泡也是其最大特徵。我特別喜歡京都「klore」的魯茲提克。

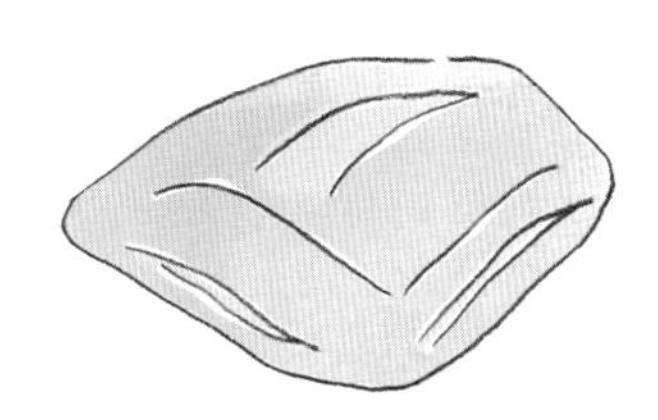

## 天然酵母種 らヴァン

Leavain就是法語「酵母種」的意思，其語源來自讓麵糰膨脹的「lever」。使用的種類不同，名稱也就跟著不同。

levain levure
使用酵母發酵的種類

levian mixte
回收使用剩下麵糰的種類

levain naturel
使用葡萄自製酵母的種類

## 魯邦麵包 るぱん

寫成le pain就是麵包的意思，寫成lupin就是怪盜紳士──亞森羅蘋了。

你也是魯邦嗎？

## 冷凍麵包 れいとうぱん

烤好後急速冷凍，日後再重新烘烤加熱的麵包。有些冷凍麵包會在發酵完成後就放入冰箱冷凍，有的則是烤到半成品後才冷凍。走進專賣進口食品的店家，常可看到冷凍商品專區放了一袋袋國外的麵包。千萬別小看這些冷凍麵包，其美味可是會讓人驚呼連連的。不過重新加熱的冷凍麵包一下子就會硬掉，勸大家要早點吃掉喔！

## 雷蒙・卡維 レイモン・カルヴェル

法國國立製粉學校的教授Reymond Calvel，也是將法國麵包傳入日本的名人，擁有「法國麵包之神」的美譽。

## 酒漬葡萄乾麵包

レーズンブレッド

麵糰揉有萊姆酒醃漬葡萄乾的麵包，形狀很多，例如吐司、條狀麵包、圓型麵包等，每家店放的葡萄乾量也都不同，有的多到一剝開麵包，葡萄乾就掉出來。只要塗上奶油，稍微烤一下，就會變得更美味。法語裡的酒漬葡萄乾麵包（pain aux raisins），主要是指內含卡士達醬與葡萄乾的漩渦狀麵包。

㊮葡萄乾麵包

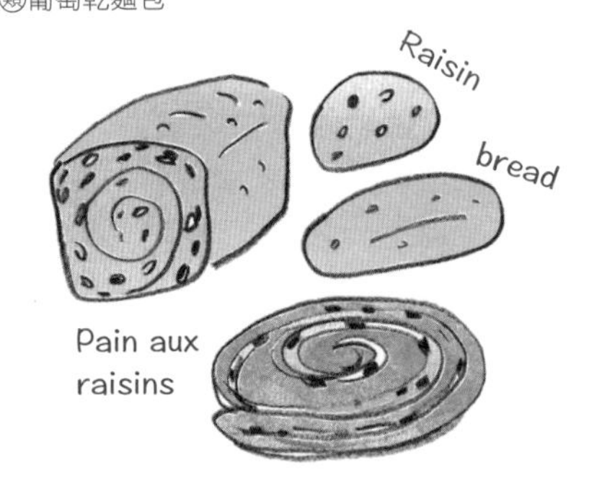


## 淑女 れでぃ

古代埃及製作麵包是女性負責的工作，英語裡的淑女（lady）一詞，其語源便來自古代德語的「揉製麵包的人」。

## 檸檬麵包 れもんぱん

將檸檬奶油包在柔軟的麵糰裡，上面再放檸檬風味餅皮的黃色麵包，有檸檬樣子的紡錘狀或圓形的形狀。除了外皮是黃色的，其餘部分都與菠蘿麵包很類似。

## 老化 ろうか

麵包變硬、變粉的過程。豐富麵包的老化速度較簡約麵包慢。每下滑5°C，老化的速度就會變快，所以麵包嚴禁放在冷藏庫裡保存，如果當天吃不完，建議用保鮮膜包起來收進冷凍庫裡。

## 領主 ろーど

英語的「load」是領主的意思，來自古代德語「麵包的主人」或「站哨的人」。

## 整條麵包 ローフ

①loaf指的是可切成小塊分食的整條麵包。
②以肉卷模型烘焙的麵包。

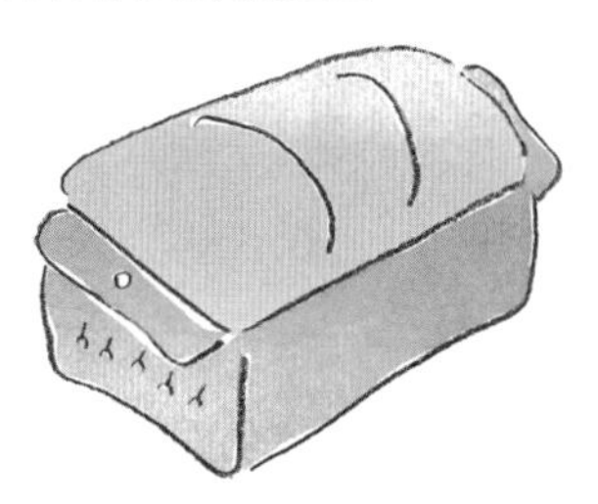

## 羅馬 ろーま

古羅馬向來被公認是麵包製作技術大躍進的時代，位於羅馬近郊的龐貝城遺跡也曾被發現製作麵包專用的碾粉石臼和烤窯，而且烤窯裡還有殘留的麵包，如今已被當成化石在博物館裡展覽。

## 捲麵包 ろーるぱん

小型麵包。將麵糰擀開，然後捲成某些形狀（＝roll）的麵包，所以又稱為捲麵包。捲麵包可分成柔軟系與硬實系，而且柔軟的麵糰還會因為塑型的方式而有不同的稱呼，例如摻了奶油的捲麵包就稱為「奶油捲」。奧地利的凱薩麵包[→P48]被認為是最具代表性的硬實系捲麵包，其外皮可是非常堅硬的。

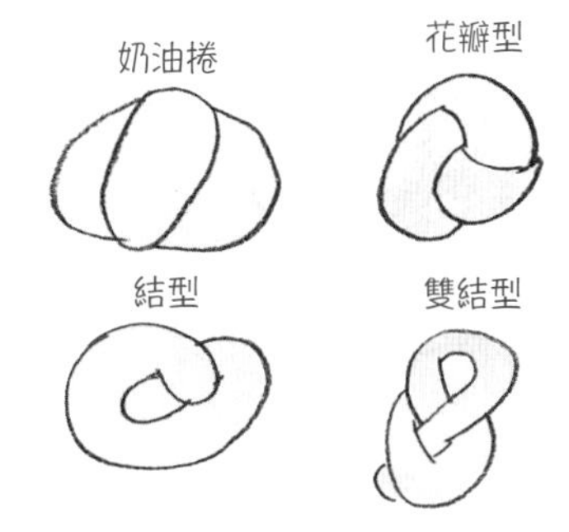


## 俄羅斯麵包 ろしあぱん

明治42年非常流行的麵包。「新宿中村屋」被認為是最早推出這款麵包的麵包店，當時請來俄羅斯麵包師傅製作，因此得到廣大消費者的喜愛。由於是以全粒粉製作的大型直烤麵包，所以質地除了柔軟還有甜味。如今還是能在店面找到這款麵包，而且仍保有碩大的體積與柔軟的口感這兩項特徵。

## 玫瑰型麵包 ロゼッタ

形狀酷似玫瑰而得名，是義大利具代表性的麵包之一。這款麵包由五瓣花瓣組成，中間留有一個空洞填入沙拉或餡料，可以當成三明治食用，也可以灌入巧克力當成點心來吃。除了可以自由地決定口味，外形也十分嬌美，更棒的是，沒有玫瑰花那惱人的刺。

## 德國全裸麥麵包

ロッゲンブロート

Roggen的意思為「裸麥」，而RoggenBrot指的是裸麥麵包比例高達90%以上的麵包，擁有明顯的酸味，質地也十分厚實。很適合搭配油膩的料理或熱呼呼的濃湯一起享用。

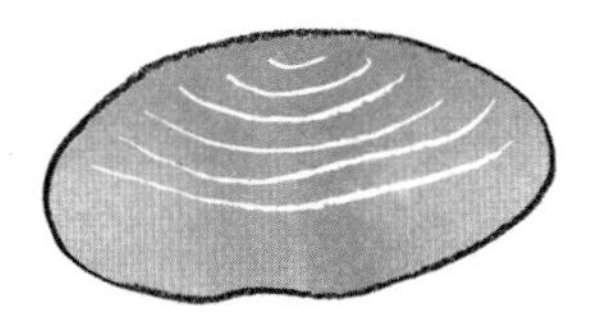

## 印度煎餅 ロティ

在印度北部常見的無發酵餅。roti是印尼語「麵包」的意思。印度煎餅的厚度比印度麥餅[→P98]來得厚一些。

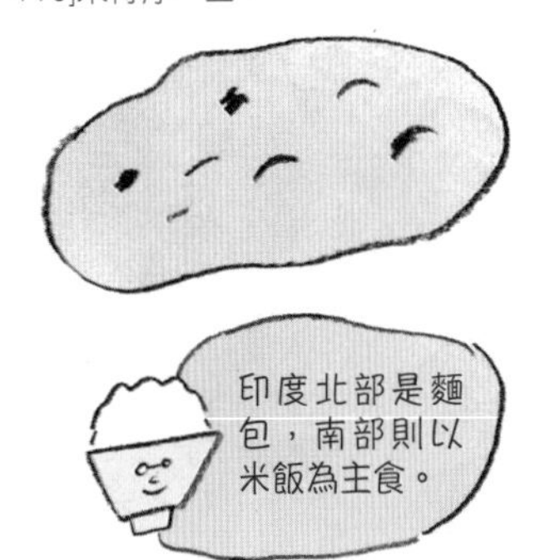


## 攤販 ろてん

亞洲或中東一帶，在市場或路邊攤賣麵包是件理所當然的事，拿著麵包沿路叫賣的小販也不在少數。有些會在頭上頂一塊大板子，然後上面放著幾十個麵包邊走邊賣，有的則是將剛烤好的麵包放在網子上冷卻，等待客人上門，另外還有在接到訂單才開始烘焙麵包。結束採買行程，準備回家的爸爸媽媽通常會買點麵包，替當天的餐點加菜。

## 驢子麵包 ろばのぱん

札幌的「驢子麵包石上商店」（現在的ROBAPAN）是從昭和6年，讓驢子拉著拖車，沿街叫賣麵包起家的。到了昭和30年，開始在京都一帶唱著自行作曲的歌謠，並讓驢子拖著四輪馬車沿著叫賣蒸麵包。到了現代，驢子馬車已經被汽車取代了。

# 和樂融融的葡萄酒品酒會

# 葡萄酒 ワイン

喝著從「轟木酒店」買來的葡萄酒時，心中不禁驚呼：「葡萄酒是這麼水嫩新鮮的嗎？」在此之前，我對葡萄酒的印象就是「來自遙遠國度，味道沉穩」的高級品。所以對我來說，這次的品飲無疑是一次劃時代的嶄新體驗。這瓶葡萄酒是以自然農法栽培的葡萄所釀成，被歸類為「自然派」系列。轟木先生告訴我有關葡萄酒的小故事之後，我突然覺得葡萄酒不再陌生，腦海裡也浮現身在遠方的製作者的臉龐。

Ⓐ Catherine Pierre Breton La Dilettante Moustillant 2011 (Pétillant) ／白

Catherine與Pierre這對夫婦共同釀製的葡萄酒。這款葡萄酒是由身為妻子的Catherine以白詩南葡萄（Chenin Blanc）釀製，其分類為發泡酒。喝的時候能享受輕柔的氣泡，以及豐富的水果滋味。

* Pétillant→低發泡性葡萄酒

Ⓑ Rietsch coup de Coeur 2011 ／白

產自法國阿爾薩斯（Alsace）地區，由Rietsch果園釀製的葡萄酒。Rietsch全家都是安靜而率直的人，由他們釀製的葡萄酒也反映出他們的個性。這款葡萄酒在香氣洋溢之餘，還藏著隱約的酸味與礦物質的味道。

Ⓒ Funky Chateau Gris Gris 2011 ／玫瑰紅(Rose)

產自群山環繞、風景秀麗的長野縣小縣群青木村，散發著覆盆子與櫻桃的迷人香氣。順喉的水果滋味讓人欲罷不能之餘，味道之中還透著微微的辛辣感。

Ⓓ Marcel Lapierre Raisins Gaulois 2012 ／紅

Marcel Lapierre先生是一位為自然派葡萄酒奠定基礎的偉大釀酒師（歿於2010年）。這款葡萄酒是利用在地生產的葡萄釀製，散發著草莓與糖果般新鮮甜蜜的氣息，輕盈曼妙的口感，能讓人不帶負擔地品嚐。

Ⓔ LOUIS JULIAN 2012/紅

曾參與電影《未來的餐桌》演出，是南法朗格多克地區（Languedoc）的小型葡萄酒製造商。這款葡萄酒幾乎都被該地方的村民消費一空，堪稱「在地葡萄酒」。雖然滋味甜蜜，但是口感卻十分輕快，可直接倒在大杯子裡，一口飲盡。

## 『葡萄酒的基本品嚐方式』

**事前準備** 酒體（body）輕快的葡萄酒可在低溫的環境下保存，紅酒這類較為濃厚的葡萄酒則可儲藏放在溫度較高的環境下。（但也有例外）

*酒體(body)→滋味的豐富度

**倒酒** 從玻璃杯最胖部位的下緣開始倒。

**觀賞** 拿著玻璃杯的腳部，稍微傾斜杯身觀察葡萄酒的色澤。顏色較濃，味道會不會也比較重呢？

**嗅味** 搖晃杯身後，將鼻子湊近聞一聞葡萄酒的香氣。經過搖晃，就能聞到來自發酵的香氣。

**品嚐** 將葡萄酒含在嘴裡，細細咀嚼其味道。

## 『尋找與麵包對味的葡萄酒！』

一堆片假名的葡萄酒世界。我對這方面的知識還不算成熟，但是要想踏入這個世界，最快的捷徑就是品嚐各種葡萄酒了。之後不妨讓我們一起交換有關麵包以及葡萄酒的意見吧！

麵包協力廠商
Boulangerie pain stock
福岡縣福岡市東區箱崎6丁目7-6
☎TEL：092-631-5007

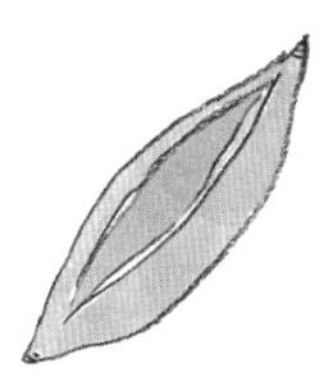

**19世紀長棍麵包**
（以少量酵母長時間發酵的長棍）
×
Ⓓ Marcel Lapierre Raisins Gaulois 2012

由於是原味麵包，能搭配的酒類也非常多元，味道清淡的紅酒可能會更加適合。能暢快飲盡的紅酒搭配沒有特殊味道的麵包可說是最佳拍檔，很可能會喝太多（轟木）／這個組合能互相映襯，搭配出絕佳滋味（保子）

**龐多米吐司**
（摻有大量奶油與牛奶的吐司）
×
Ⓐ Catherine Pierre Breton La Dilettante Moustillant 2011 (Pétillant)

味道溫潤、質地柔軟的麵包搭配氣泡細緻、滋味舒緩的發泡酒剛剛好。有可能從白天就開始一杯一杯地喝了（轟木）／我的選擇是與B搭配。奶油的香氣與甜味會完全地融入葡萄酒裡（保子）

**Pain Stock麵包**
（酸味較不明顯的裸麥麵包）

Ⓓ Marcel Lapierre Raisins Gaulois 2012

這款葡萄酒的酒體輕快，嚐得到柔順而新鮮的酸味，而搭配的這款麵包也帶有酸味，口感又非常厚實，能帶給味蕾不同層次的感受。這種酸味讓人想吃肉啊（轟木）／看似適合任何料理的組合，卻很難找到最適當的葡萄酒（田中）

**堅果白巧克力麵包**

Ⓑ Rietsch coup de Coeur 2011

這款葡萄酒的個性鮮明，其格烏茲塔明那（Gewürztraminer）的甜香與麗絲玲（Riesling）的酸味是最明顯的特徵，與白巧克力的甜味非常合拍，葡萄酒的酸味能中和白巧克力的甜味。堅果創造了畫龍點睛的口感（轟木）／麵包包含了各種元素，與A、D、E這幾款葡萄酒也很搭配（田中）

*格烏茲塔明那(Gewürztraminer)、麗絲玲(Riesling)都是葡萄品種的名稱。

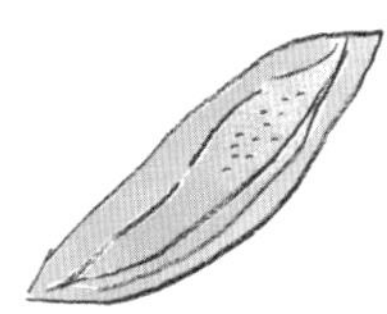

**明太子法國麵包**

Ⓒ Funky Chateau Gris Gris 2011

擁有強烈明太子風味的麵包與帶有清爽甜味的玫瑰紅堪稱絕配，而後續幽然浮現的苦味也讓人心神愉悅（轟木）／紅酒與海苔香氣相抵觸（田中）／明太子與紅酒不搭～（保子）

**德式捲麵包**

Ⓔ LOUIS JULIAN 2012

微甜的麵包搭配果香四溢的Louis Julian葡萄酒剛剛好。搭配水果甜味的葡萄酒，感覺特別好呢（轟木）／我覺得與B比較適合。葡萄酒似乎蓋掉了麵包的溫潤口感（田中）

### 轟木 渡

轟木酒店的董事長。只要是喜歡的釀酒師，不論國內外都會去見上一面。一年至少會去一次法國與義大利。開了一間能同時享受音樂、器皿、麵包的酒吧。

和樂融融地一起品酒。從左數來依序為田中美佳小姐（轟木酒店）、仙頭龍太先生（「土佐白菊」杜氏）、轟木先生一家（渡先生、兒子虎之介、老婆保子小姐）、山本麻衣子小姐（設計師）

ⓘ轟木酒店 福岡市博多區三筑2丁目2-31 ☎092-571-6304

附錄

諺語!!

**愛，就是奶油！**

**因為有了麵包才變得美味！**（猶太人）

奶油因為麵包而變得更美味，只有甜蜜的愛情並不美好，必須有良好的經濟基礎才能築起良好的關係

**今天是蜂蜜，**
**明天是洋蔥。**（阿拉伯人）

有時日子如蜂蜜一般甜美，有時卻如洋蔥一般令人淚流滿面。比喻的是有苦有樂才是人生。

**女孩子總是一邊哭泣、**
**一邊吃著甜甜圈。**（猶太人）

女性在自艾自憐的同時，又吃著甜甜圈，可見悲傷與食慾是分開的，所以說女性是講究實際的生物。

**吃了果醬，**
**缺了牙齒。**（伊朗）

一直吃果醬這種柔滑的食物，雖然不會讓牙齒折斷，但是不幸運的時候，做什麼都不會順利

**麵包可以多吃，**
**酒不能多喝。**（英國）

吃一大堆的麵包沒什麼大礙，但喝酒請勿過量。

**帶著麵包與葡萄酒走人生大道。**（西班牙）

吃著麵包、喝著葡萄酒，就能走在自己的路上。肚子吃飽再行動，自然能看到前方的道路。

**惋惜打翻的牛奶毫無益處。**（歐洲）

覆水難收的意思。

**麵粉與水一般的夫婦。**（葡萄牙）

麵包的製作少不了麵粉與水。

夫婦也應該如同麵粉與水一樣互相支持

**光是可愛是生不出麵包的。**（愛爾蘭）

可愛的女性不一定煮得出美味的料理。光是美貌是無法賺得生活的。

**工作很辛苦，但麵包很甜美。**（俄羅斯）

工作一定是辛苦的，但是拚命工作之後的麵包會特別好吃。

# 索引 INDEX

## 參考文獻

《麵包的圖鑑》井上好文 監修／每日Communications
《麵包的事典》井上好文 監修／旭屋出版
《從零知識開始的麵包入門》日本麵包協調者協會 監修／幻冬舍
《發酵食品的科學》坂本卓 著／日刊工業新聞社
《食事史》山本千代喜 著／龍星閣
《煩惱時的裝傻與導覽》麵包推廣協議會PR委員會 監修／麵包推廣協議會
《GOPAN之書》荻山和也 著／普遊舍
《菲利普比裘的麵包——L'Amour du Pain》菲利普比裘 著／柴田書店
《製作麵包的科學　麵包的「為什麼」》吉野精一 著／誠文堂新光社
《麵包百科》締木信太郎 著／中公文庫
《麵包的文化史》締木信太郎 著／中央公論社
《小麥的飲食文化事典》岡田哲 編輯／東京堂出版
別冊家庭畫報《我喜歡麵包》世界文化社
《麵包的歷史》Wilhelm Ziehr著、中澤久 監修／同朋舍出版
《人氣店的天然酵母麵包的技術－以葡萄乾種、水果種、小麥種、酒種製作麵包的技術》旭屋出版編輯部／旭屋出版
《Good day Good bread　麵包的書》山崎麵包公司 編輯・發行
《驢子麵包的故事》南浦邦仁 著／KAMOGAWA出版
《亞洲人的麵包－品嚐麵包那單純的美味》中道順子 著／Graph社
《鐵人的三明治讀本》坂井宏行 著／中公公論社
《世界飲食諺語辭典》西谷裕子 編輯／東京堂出版
《天然起司事典》大谷元 監修／日東書院本社
《香料萬事通小事典》日本辛香料研究會 編輯／講談社
《食物訴說的香港史》平野久美子 著／新潮社
《香港小巷裡的隱藏美食》池上千惠 著／世界文化社
《品嚐葡萄酒的基本方法》君嶋哲至 著／池田書店

# 結語

麵包
萬歲!!

在寫這本書的時候，整個腦袋因為麵包而膨脹到不行，

每天24小時都在想麵包的事情，就連吃飯也都是麵包，

感覺自己都快變成麵包了。

大概20年前吧，我對麵包產生興趣，也開始探訪每一間麵包店，

過著每天都吃麵包的生活。

每當我吃著麵包，腦海裡就浮現製作者的臉龐，

例如充滿活力的大叔製作的麵包往往充滿力量，

五官清秀的女麵包師傅，做出來的麵包就散發著祥和沉穩的氣息。

正因為麵包是人的雙手所做，所以吃得出人情味。

我覺得這或許就是麵包最美味的部分了。

我也希望能帶著本書的讀者發掘藏在麵包裡的這份樂趣。

最後要感謝寫這本書的時候給我諸多協助的誠文堂新光社的古池先生、

內川設計的內川先生、和田先生、

麵包料理研究家荻山先生以及其他相關人士，

真的非常感謝大家。

10年前出版了這一本書，沒想到這次有機會再推出第二版。

非常感謝各位讀者願意從書海之中挑出本書，

願大家今後也能過著愉快的麵包生活。

麵包與洋蔥

林舞

# 圖解麵包辭典

パン語辞典（第２版）パンにまつわることばをイラストと豆知識でおいしく読み解く

作　　者　麵包與洋蔥
監　　修　荻山和也
譯　　者　許郁文
封面設計　比比司設計工作室
內頁排版　簡至成
行銷企畫　蕭浩仰、江紫涓
行銷統籌　駱漢琦
業務發行　邱紹溢
營運顧問　郭其彬
責任編輯　林芳吟
總 編 輯　李亞南
出　　版　漫遊者文化事業股份有限公司
地　　址　台北市103大同區重慶北路二段88號2樓之6
電　　話　(02) 2715-2022
傳　　真　(02) 2715-2021
服務信箱　service@azothbooks.com
網路書店　www.azothbooks.com
臉　　書　www.facebook.com/azothbooks.read

發　　行　大雁出版基地
地　　址　新北市231新店區北新路三段207-3號5樓
電　　話　(02) 8913-1005
訂單傳真　(02) 8913-1056
初版一刷　2024年12月
定　　價　台幣450元

ISBN　978-626-409-033-9



"PANGOJITEN DAI2HAN PAN NI MATSUWARU KOTOBA WO ILLUST TO MAMECHISHIKI DE OISHIKU YOMITOKU"
by PANTOTAMANEGI


國家圖書館出版品預行編目 (CIP) 資料

圖解麵包辭典/ 麵包與洋蔥作 ; 許郁文譯. -- 初版. -- 臺北市 : 漫遊者文化事業股份有限公司出版 ; 新北市 : 大雁出版基地發行, 2024.11
　面；　公分
譯自 : パン語辞典 : パンにまつわることばをイラストと豆知識でおいしく読み解く 第2版
ISBN 978-626-409-033-9( 平裝)
1.CST: 麵包
439.21　　11301686